Ranna Chaudhary
Munesh Baraiya
N.K. Patel

Fisiologia do trigo e seu comportamento agrícola

Ranna Chaudhary
Munesh Baraiya
N.K. Patel

Fisiologia do trigo e seu comportamento agrícola

ScienciaScripts

Imprint

Any brand names and product names mentioned in this book are subject to trademark, brand or patent protection and are trademarks or registered trademarks of their respective holders. The use of brand names, product names, common names, trade names, product descriptions etc. even without a particular marking in this work is in no way to be construed to mean that such names may be regarded as unrestricted in respect of trademark and brand protection legislation and could thus be used by anyone.

Cover image: www.ingimage.com

This book is a translation from the original published under ISBN 978-620-6-77206-4.

Publisher:
Sciencia Scripts
is a trademark of
Dodo Books Indian Ocean Ltd. and OmniScriptum S.R.L publishing group

120 High Road, East Finchley, London, N2 9ED, United Kingdom
Str. Armeneasca 28/1, office 1, Chisinau MD-2012, Republic of Moldova, Europe
Printed at: see last page
ISBN: 978-620-7-62426-3

Fisiologia do trigo e seu comportamento agrícola

By

Dr. Ranna Chaudhary
Laboratory Assistant,
M.N.College, Visnagar.
Hemchandracharya North Gujarat University, Patan.
rannachaudhary88@gmail.com

Dr. Muneshbhai B. Baraiya
Forest guard in the forest department,
Goverment of Gujarat.

Dr. N.K.Patel
Associate Professor,
Sheth M.N.Science College, Patan.
Hemchandracharya North Gujarat University, Patan.

Prefácio

A fisiologia vegetal e a ciência agrícola são temas de grande valor. Este livro trata do tema emergente no que diz respeito à botânica, que lida com o melhoramento de culturas cultivadas, que criou vários tratamentos de plantas de trigo em biomassa, crescimento e rendimento. Os dados fisiológicos e agrícolas da planta foram registados através do crescimento e do rendimento da cultura do trigo. Tentámos todas as dimensões possíveis para tornar este livro interessante para os leitores de todas as fases, incluindo figuras e tabelas na forma colorida, isto é fornecido com informações básicas e profundas para os estudantes de todos os graus para satisfazer os seus padrões de curiosidade e especialmente para os estudantes, porque este tópico pode ser útil em futuras pesquisas e estudos. Este livro contém 6 capítulos onde alguns tópicos complexos são abordados de uma forma que pode ser facilmente compreendida. Incluímos tópicos que contêm informações sobre: taxa de crescimento relativo, taxa de assimilação líquida, relação de peso foliar e rendimento e atributos de rendimento na cultura do trigo. O livro está escrito com cuidado, mas gostaríamos muito de receber as suas sugestões sobre erros cometidos por nós, por favor mencione o número da página onde encontra o erro. Ficaremos muito gratos pela sua ajuda. Agradecemos aos nossos amigos e familiares pelo seu apoio.

Dr. Ranna Chaudhary

Dr. Muneshbhai Baraiya

Dr. N. K. Patel

Índice

CAPÍTULO 1: INTRODUÇÃO

1.1 AGRICULTURA:

ORIGEM E HISTÓRIA:

O início da agricultura não tem um período específico, mas presume-se que se tenha desenvolvido no período da idade do gelo, há cerca de 11 700 anos, quando começou a domesticação e, desde então, o processo de desenvolvimento continuou. Em locais como o sul e o norte da China, a nova Guiné, o Sahel africano e várias regiões da América, onde ocorreu um desenvolvimento independente, foram desenvolvidas práticas como a rotação de culturas, a irrigação e os fertilizantes, mas que evoluíram nos últimos séculos. A síntese do nitrato de amónio através do método Haber-Bosch teve mais influência no rendimento das culturas do que as limitações anteriores. Os desenvolvimentos na história da agricultura caracterizaram-se pela criação selectiva, mecanização, poluição da água, subsídios agrícolas e aumento da produtividade. Nos últimos anos, a voz do movimento orgânico começou após o efeito dos factores ambientais na agricultura convencional (David e Gosden, 1996).

A colonização e a expansão da agricultura a nível mundial foram rapidamente aceites pela Índia. A agricultura indiana foi iniciada em 9000 a.C. e as condições favoráveis das monções levaram à colheita de culturas duas vezes por ano. Na fase de desenvolvimento, a agricultura indiana atingiu um nível tal que afectou a economia mundial da época. Nessa altura, o trigo e a cevada eram culturas domesticadas. A primeira domesticação de animais foi registada por Mehrgarh entre 8000-6000 a.C. Nos anos [5th] e [4th] a.C. foram encontrados vestígios de algodão e alguns métodos utilizados na sua produção. Durante esse período, a fiação e o fabrico continuaram a ser praticados até à modernização e industrialização da Índia. Os agricultores do vale do Indo cultivavam culturas ou plantas para a alimentação; ervilhas, sésamo e tâmaras, e frutos como a manga e o melão são nativos do subcontinente indiano e, em [2nd] a.C., o arroz era praticado na agricultura. A agricultura praticada era mista no vale do Indo e a irrigação também se desenvolveu nessa região por volta de 4500 a.C. Este desenvolvimento sistemático conduziu a várias inovações na agricultura (Zaheer, 1996; Gregory, 1996; Burton, 1998 e Lal, 2001).

A agricultura é uma atividade do sector primário. O termo agricultura deriva da língua latina, da palavra "ager", que significa campo, e "cultural", que significa cultivo, que inclui o cultivo de culturas e a criação de gado, mas tem uma classificação ampla, incluindo actividades como a pesca interior, alimentos, legumes, etc. Os principais produtos da agricultura são classificados em matérias-primas, combustíveis (lenha), alimentos (legumes, frutas, óleos) e fibras (algodão, juta), etc. A agricultura abrange dois terços da população mundial que está associada a este sector e é considerada como o principal sector da economia.

O sector agrícola oferece emprego a 58% e meios de subsistência a cerca de 48% da população da Índia. Numa economia rural, 75% da população depende direta ou indiretamente da agricultura e 43% da área geográfica é ocupada pela agricultura. Contribui com 15% para as exportações totais do país e 16% para o PIB global. O seu funcionamento consiste em fornecer matérias-primas a um grande número de indústrias. O mercado mundial funciona com base no princípio da procura e da oferta, e a Índia tem o seu saldo excedentário a nível internacional. A Rússia é um dos principais países exportadores de trigo do mundo. A Índia não é o principal exportador de trigo, mas exporta trigo para vários países. Os principais produtores de trigo da Índia são a U.P. e o Punjab. Gujarat ocupa o 7.º lugar em[th] entre os Estados produtores de trigo na Índia (Relatório Anual, Governo da Índia, 2022).

A agricultura é estudada pela sua evolução e tecnologias envolvidas e pelo seu desenvolvimento futuro. É um domínio multidisciplinar que abrange temas como a horticultura, o melhoramento de plantas, a agronomia, a modelação de culturas, a ciência do solo, a gestão de pragas e o seu estudo. No século 18th , teve início a experiência de Johann Friedrich Mayer de utilizar o gesso como fertilizante no estudo científico da agricultura. Outra experiência sistémica de John Lawes e Henry Gilbert sobre agronomia foi realizada em 1843 e, desde então, iniciou-se a investigação experimental neste domínio específico (Jonathan, *et al.*, 2006).

A área agrícola é vasta e foi estimada em 47,9 milhões de km2, o que corresponde a cerca de 11% da terra total do mundo, dos quais 36% são considerados adequados para a agricultura e os restantes requerem melhorias, havendo ainda margem para a expansão das terras agrícolas para uma população em crescimento. A Índia tem várias condições ambientais e possui também um sector agrícola diversificado, com uma superfície arável de 159,7 milhões de hectares, o que representa cerca de 60% da superfície total. A Índia ocupa o segundo lugar no ranking mundial, a seguir aos Estados Unidos. A Índia também se encontra entre os três principais produtores mundiais de muitas culturas, como o trigo, o arroz, etc.

Gujarat tem uma área geográfica de 1.96.024 km2 , dos quais a agricultura cobre cerca de 12,66 milhões de hectares (6,4%). A área geográfica total de Mehsana é de 4 39 153 hectares, dos quais cerca de 83% são terras cultivadas e 7,18% são terras não agrícolas. 79,55% e 65,55% da área total declarada é cultivada em rede e irrigada, respetivamente (Department of Agriculture & Farmers Welfare, 2016).

A agricultura é uma fonte de emprego para a maior parte do país e, além disso, a Índia é um país de três estações e não dispõe de instalações de irrigação adequadas, mas a agricultura depende principalmente da monção. Se a monção for moderada, então é bom, caso contrário as inundações e a seca causam estragos neste domínio específico.

A média de terras na Índia é de 2,3 hectares, em comparação com a Austrália e os EUA, que são de 1993 e 158 hectares, respetivamente. Devido ao aumento da população, as grandes terras tornam-se pequenas devido à fragmentação entre as famílias e ao facto de as pessoas ficarem desempregadas, o que resulta em mão de obra intensiva e o seu rendimento não é fixo, causando pobreza. A pequena dimensão dos campos não permite a utilização de maquinaria moderna, o que impede a modernização da agricultura e causa um problema de baixa produção de bens agrícolas, levada a cabo pelos métodos tradicionais de agricultura. O predomínio de uma cultura específica numa determinada área do país e da terra causa baixo rendimento e efeitos nocivos no solo (John, 1996).

PAPEL DA AGRICULTURA NA ECONOMIA INDIANA:

A agricultura é a espinha dorsal da economia indiana. Durante a independência, este era o principal sector da economia indiana e continua a contribuir para um crescimento global saudável. Cerca de 70% da economia rural depende da agricultura. Contribuiu com 17% para o PIB da Índia e empregou muitas pessoas. Desde a sua criação, registou um crescimento ascendente e descendente, mas, em comparação com a independência, apresentou um crescimento progressivo da produção de 51 milhões de toneladas (MT) em 1950 para 250 MT em 2011. Este sector também registou um crescimento cumulativo do PIB de cerca de 17% em 2019-20 para 19,9% no ano 2020-21 (Relatório Anual, Governo da Índia, 2022).

No quadro 1.1, os dados mostram todas as culturas na Índia e as culturas de trigo na Índia durante os cinco anos consecutivos, nos quais são indicados determinados parâmetros: área, produção e rendimento. Em primeiro lugar, no que se refere a todas as culturas na Índia, a área mais elevada registada foi no ano 2020-21, que também apresentou a produção e o rendimento máximos durante os últimos cinco anos. No contexto da Índia, as culturas de trigo no ano de 2020-21 registaram a área, a produção e o rendimento mais elevados. Por conseguinte, tem-se registado um aumento regular da área cultivada, o que resulta numa maior produção e rendimento, como se pode ver na representação gráfica das figuras 1.1 e 1.2 (Relatório Anual, Governo da Índia, 2020,2021,2022).

QUADRO 1.1: SUPERFÍCIE, PRODUÇÃO E RENDIMENTO NA ÍNDIA

Year	ALL CROPS IN INDIA			WHEAT CROP IN INDIA		
	Area (Lakh hectare)	Production (Million Tonnes)	Yield (kg/hectare)	Area (Lakh hectare)	Production (Million Tonnes)	Yield (kg/hectare)
2016-17	3006.8	931.1	83652	307.9	98.5	3200
2017-18	2976.2	1024.3	95326	296.5	99.9	3368
2018-19	2927.28	1045.23	95420	293.19	103.6	3533
2019-20	2998.81	1044.68	96136	313.57	107.86	3440
2020-21	3060.01	1097.6	98117	316.15	109.52	3464

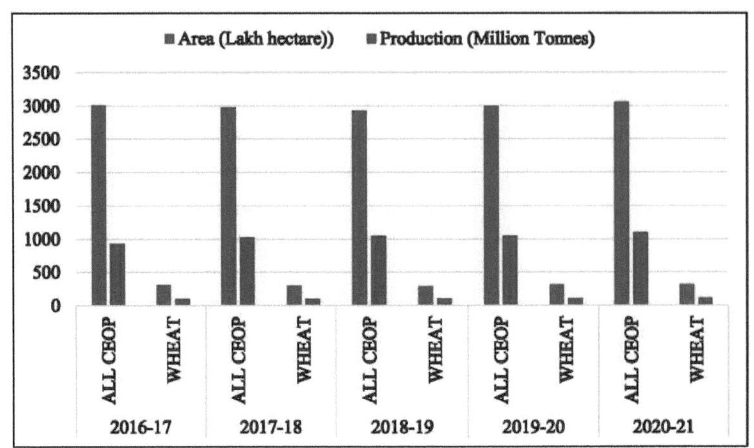

FIGURA 1.1: SUPERFÍCIE E PRODUÇÃO DE TODAS AS CULTURAS E TRIGO

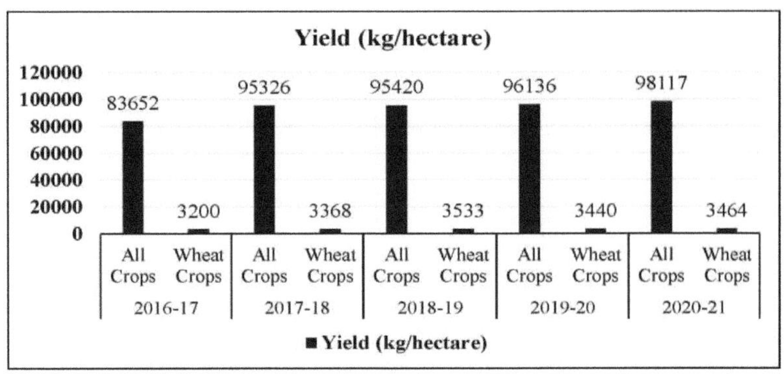

FIGURA 1.2: RENDIMENTO DE TODAS AS CULTURAS E DO TRIGO

O quadro 1.2 mostra a contribuição do crescimento no total do VAB (Valor Acrescentado Bruto) do total da economia, da agricultura e sectores afins, e das culturas na economia indiana para os anos consecutivos de 2015-16 a 2019-20, representação gráfica mostrada na figura 1.3.

QUADRO: 1.2 CONTRIBUIÇÃO DA AGRICULTURA PARA A ECONOMIA INDIANA

Year	Total Economy	Agriculture & Allied Sector	Crops
2015-16	8.2	6.0	-2.9
2016-17	8.0	6.8	5.3
2017-18	6.2	6.6	5.4
2018-19	6.8	2.6	-1.0
2019-20	4.9	4.3	4.0

Fonte: Instituto Nacional de Estatística, MoSPI

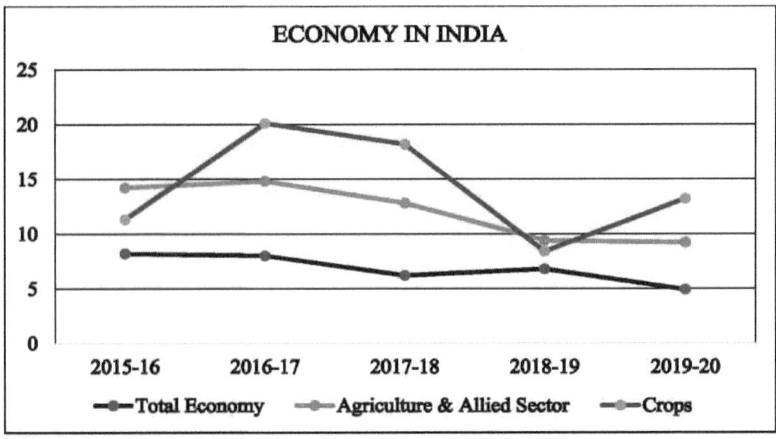

FIGURA 1.3: SITUAÇÃO ECONÓMICA DA AGRICULTURA NA ÍNDIA

Há alguns factos relativos à agricultura: a Índia é responsável por 10% do algodão mundial e é o terceiro país produtor de trigo, a seguir à China e aos EUA. A Índia tem o primeiro estado de Sikkim do mundo, que se afirma ser um estado 100 % biológico. Na produção mundial, os sectores dos serviços e da indústria transformadora estão muito longe na classificação, mas na produção agrícola, a Índia ocupa o segundo lugar no mundo. Em 2018-19, a Índia era o 20th maior exportador do mundo (Relatório Anual, Governo da Índia, 2020, 2021, 2022).

QUADRO 1.3: DADOS RELATIVOS ÀS IMPORTAÇÕES E EXPORTAÇÕES NA ÍNDIA

YEAR	IMPORT		EXPORT	
	IMPORT (Rs. Crores)	WHEAT CROPS (Rs. Crores)	EXPORT (Rs. Crores)	WHEAT Crops (Rs. Crores)
2019-20	81147.09	4.79	71953.38	423.96
2020-21	92898.58	0.01	106240.82	3317.57

A importação e a exportação de mercadorias equilibram o comércio internacional. A Índia está a produzir uma quantidade excedentária de trigo, mas a sua população crescente tem um bom rácio de consumo e, por vezes, as condições naturais afectam a produção, o que aumenta a necessidade de importar trigo de outros países. Em 2019-20, a Índia importou e exportou cerca de 4,79 e 423,96 crores, respetivamente. Em 2020-21, foi de 0,01 e 3317,57 crores, respetivamente. Os dados acima referidos mostram que, de dia para dia, a Índia está a tornar-se autossuficiente na agricultura, especialmente no trigo (Relatório Anual, Governo da Índia, 2022).

IMPORTÂNCIA DA AGRICULTURA:

- ❖ Desempenha um papel muito importante no rendimento nacional.
- ❖ Criação de emprego para a população em crescimento.
- ❖ Produzir alimentos para a população em crescimento.
- ❖ Contribui para a formação de capital.
- ❖ Fornecer matérias-primas para o funcionamento do sector secundário.
- ❖ Influenciar a importação-exportação do país.

DESAFIOS DA AGRICULTURA:

A Índia tem um solo fértil proveniente de vários rios em diferentes partes do país, mas a agricultura enfrenta alguns desafios: padrão de cultivo, condições dos trabalhadores agrícolas, adubos, fertilizantes e biocidas, irrigação, comercialização agrícola, transportes inadequados, etc.

1.2: TRIGO

DESCRIÇÃO DA PLANTA:

O trigo é uma planta anual pertencente à família Poaceae (Gramineae), cultivada na estação rabi, durante o inverno. A Índia é o segundo maior produtor de trigo (15%), a seguir à China, e o 8th maior exportador de trigo, com um total de 4,1% das exportações mundiais. Os principais países produtores de trigo são a China, a Índia, a Rússia, os EUA, etc. Os principais Estados produtores de trigo da Índia são: Uttar Pradesh, Punjab, Madhya Pradesh, Rajasthan, Bihar, etc., e Gujarat é o 7th maior produtor de trigo da Índia.

ORIGEM E HISTÓRIA:

Pensa-se que o trigo teve origem na civilização antiga. Com base em todos os dados possíveis, parece que o seu centro de origem se situava nos vales dos rios Tigre e Eufrates, no atual Iraque. Presume-se que os grãos de trigo na Índia tenham sido trazidos pelos arianos. Foram encontrados vestígios de cultivo de trigo na China por volta de 2700 a.C. e era também conhecido dos egípcios e dos habitantes da Suíça desde a Idade da Pedra.

CONDIÇÕES CLIMATÉRICAS:

O trigo é uma cultura temperada, mas é também uma cultura geralmente adaptada, que cresce nas regiões tropicais e subtropicais do mundo. Também pode ser cultivado em altitudes superiores a cerca de 3300 metros. A cultura do trigo requer diferentes condições climáticas em diferentes fases de crescimento; durante o crescimento vegetativo, as condições climatéricas secas e quentes são favoráveis, seguidas de clima seco e quente durante as fases de maturação e amadurecimento. O intervalo ideal de temperatura é de 20-25 graus Celsius. A baixa temperatura e a elevada humidade são as condições climáticas perfeitas para que a ferrugem atinja a cultura (Status Paper on Wheat,

Directorate of Wheat Development Ministry of Agriculture).

O trigo é semeado em vários países do mundo devido à sua grande adaptabilidade climática. A Índia está dividida, com base na zona de crescimento e cultivo, em seis zonas agro-climáticas de trigo: Zona das Colinas do Norte (NHZ), Zona das Planícies do Noroeste (NWPZ), Zona das Planícies do Nordeste (NEPZ), Zona Central, Zona Peninsular, Zona das Colinas do Sul (SHZ). O trigo na Índia cresce em vários tipos de solo, argiloso ou argiloso, e o solo com capacidade média de retenção de água e neutro é ideal para o crescimento (Status Paper on Wheat, Directorate of Wheat Development Ministry of Agriculture).

A preparação do terreno é o passo inicial para uma melhor produção de trigo e inclui duas lavouras completas, seguidas de gradagem e aplainamento. Contribui para um bom arejamento do solo, para um melhor nivelamento e para uma irrigação adequada. A sementeira na altura certa contribui para um melhor rendimento, porque reúne as condições necessárias para o crescimento. As taxas de sementeira também afectam indiretamente o crescimento, porque o número de sementes semeadas numa determinada área é fixo. Mas um número maior de sementes provoca um caos entre elas para obter recursos como luz, água, espaço, nutrientes, etc.

MORFOLOGIA:

Nome científico:

> *Triticum sphaerococcum:* trigo indiano
> *Triticum aestivum:* Trigo para pão comum
> *Triticum durum:* Trigo para macarrão
> *Triticum dicoccum:* Trigo Emmer

Raízes: Existem dois conjuntos de raízes presentes numa planta de trigo: raízes seminais e raízes clonais (raízes em coroa). As raízes em coroa nascem do nó basal da planta e formam o tipo de raiz permanente. Por outro lado, as raízes seminais nascem de plântulas em germinação e secam 30 dias após a emergência da plântula.

Caule: O caule do trigo é cilíndrico, ereto, liso e articulado. Os nós e os entrenós são as partes do caule, sendo os nós designados por articulações sólidas e a parte que separa a planta em secções designada por entrenós. Os nós superiores são mais longos, enquanto os entrenós inferiores são comparativamente mais curtos. O colmo principal produz ramos na base, junto ao solo, designados por perfilhos primários, secundários e terciários.

Folhas: A bainha e a lâmina da folha são as duas partes das folhas de trigo; a parte que circunda o caule é conhecida como bainha da folha e a que se dobra para longe do caule é chamada lâmina da folha. A disposição da folhagem é oposta.

Inflorescência: A inflorescência é uma espiga. Três a cinco floretes estão dispostos numa espigueta no nó da ráquis. Cada florete contém três androecas e um gineceu com estigma emplumado. A autopolinização está presente e é do tipo cleistogâmico, ou seja, a polinização ocorre numa flor fechada. No entanto, pode ocorrer um cruzamento externo de 5%, dependendo da morfologia floral das variedades.

Semente: As sementes de trigo são vermelhas e brancas, de forma oval e encerradas num pericarpo de paredes finas chamado cariopse.

VALOR NUTRICIONAL:

O trigo está na categoria dos cereais mais consumidos em todo o mundo e é uma das principais fontes de hidratos de carbono. É utilizado pelos seres humanos para o fabrico de muitos artigos diferentes; sob a forma de farinha para fazer chapattis, para fazer produtos de padaria, o trigo pode ser utilizado como uma fonte rica em antioxidantes, vitaminas, minerais, etc. Contém cerca de 12% de proteínas, 70% de hidratos de carbono, 2,7% de minerais e 2% de fibras.

ADUBOS E FERTILIZANTES:

Durante o tempo de preparação do campo, FYM bem degradado @ 25 QTL por hectare deve ser incluído. Não é sugerido o uso de fertilizantes químicos para aplicação basal porque o N é facilmente lixiviado no solo. O nitrogénio é dado em duas partes no solo arenoso e bem drenado. Os primeiros 30kg durante 1st irrigação e outro durante a segunda irrigação. O cálcio é aplicado a 1,25 toneladas/ha em solos afectados por sais e sugere-se que seja aplicado de dois em dois anos sob a forma de gesso. Durante a preparação do campo, o composto bem degradado é aplicado a 10-12,5 toneladas/ha. Para além do estrume e do fertilizante, o material de compostagem também deve ser utilizado antes de 4-5 semanas de sementeira (Roll, 2019).

IRRIGAÇÃO:

A técnica de irrigação deve ser realizada através de um planeamento adequado e com base no tipo de solo. As necessidades médias de água para a cultura do trigo são de 450-650 mm, que devem ser uniformes durante os primeiros 100 dias de plantação da cultura. Idealmente, são necessárias 6 regas para o trigo, mas no solo franco-arenoso estende-se até 6-8 regas e no solo argiloso pesado diminui para 3-4 regas. As regas devem ser efectuadas na altura e na fase de crescimento necessárias, o que conduz a um melhor rendimento. Como já foi referido, o tipo de solo está diretamente relacionado com várias regas. No norte e no centro de Gujarat, o trigo necessita de 8 regas. A primeira rega é aplicada na fase CRI e a segunda é aplicada 13-15 dias após a sementeira e as sucessivas devem ser aplicadas com intervalos de 8-10 dias. A irrigação deve ser aplicada nas fases de CRI, perfilhamento, junção, floração e ordenha. Nas regiões em que as condições hídricas são escassas, planeie em conformidade com as possibilidades de irrigação (documento sobre a situação do trigo, Direção do Desenvolvimento do Trigo, Ministério da Agricultura).

INTERCULTURA E MONDA:

Um campo de trigo deve ser mantido livre de ervas daninhas para um melhor rendimento ou pode ser efectuada uma cultura intercalar para evitar o crescimento de ervas daninhas entre as culturas. O método tradicional, se aplicado, deve ser aplicado 3-4 semanas após a sementeira e deve ser mantido livre de ervas daninhas até 45-50 dias de crescimento. Atualmente, porém, é preferível a aplicação de herbicidas, que devem ser pulverizados a intervalos regulares, devendo a primeira aplicação ser feita no momento da sementeira (documento sobre a situação do trigo, Direção do Desenvolvimento do Trigo, Ministério da Agricultura).

COLHEITA E RENDIMENTO:

A colheita deve ser efectuada quando a espiga da cultura estiver suficientemente seca e com um teor de humidade não superior a 14-20%. A colheita é efectuada manualmente desde a antiguidade com a ajuda de uma foice e, atualmente, o aparecimento de técnicas modernas ajuda a fazê-la de forma muito rápida e eficaz. Após a colheita, na época de março-abril, a planta é deixada a secar durante 710 dias e, depois disso, é debulhada. O rendimento é uma medida geralmente em kg/ha, o rendimento ideal para Gujarat é de cerca de 2600 kg/ha, e com boas técnicas de gestão de ervas daninhas o rendimento aumenta até 4500-5500 kg/ha (Documento sobre a situação do trigo, Direção do Desenvolvimento do Trigo, Ministério da Agricultura).

PRODUTOS DE TRIGO:

O trigo é utilizado principalmente na alimentação e no fabrico de alguns materiais alimentares, como a farinha de trigo integral (atta), o farelo de trigo (chokar), a farinha de trigo fina (maida), suji e rawa, etc. Os subprodutos das matérias-primas do trigo são: a palha de trigo é utilizada como forragem, filtros, geotêxteis, compósitos estruturais, compósitos não estruturais, produtos moldados, embalagens e misturas com outros materiais.

Os painéis de partículas de palha são a base para a laminação de materiais de cozinha, o amido de trigo é utilizado no fabrico de papel, o que lhe confere resistência, e é também utilizado como material adesivo. Material de borracha que contém produtos de trigo. É utilizado como agente de acabamento têxtil, cosméticos, produtos farmacêuticos, etc. A farinha de trigo é o endosperma finamente moído, o trigo tem uma força de glúten e um teor de proteínas significativos do que a farinha para todos os fins (Documento sobre a situação do trigo, Direção do Desenvolvimento do Trigo, Ministério da Agricultura).

CAPÍTULO 2: Revisão da literatura

2.1: Fisiologia das plantas

Durante a fotossíntese, a taxa a que uma cultura recolhe matéria orgânica é designada por produtividade da cultura (Reddy, 2004; Louhar, 2019). O crescimento e o desenvolvimento das plantas requerem proteínas, ácido nucleico, fosfolípidos e azoto. Foi aplicado um excesso de fertilizante N para obter um rendimento elevado. De acordo com Zhang *et al.*, 2015, a China tinha a aplicação média de fertilizantes químicos com 25% de eficiência de utilização de azoto (NUE), enquanto os EUA tinham 68% de eficiência de utilização de azoto. A aplicação excessiva de produtos químicos teve vários impactos, como o aumento do custo dos factores de produção para os agricultores, a acidificação do solo, a aceleração das emissões de gases com efeito de estufa, a eutrofização da água, etc. (Ju et *al.*, 2009; Guo et *al.*, 2010; Cui et *al.*, 2018). Aconselha-se a compreender o impacto do excesso de fertilizantes azotados e a criar culturas com baixo NUE. De acordo com Miller et *al.*, 2007, 100 µmol L^{-1} a 10 mmol L^{-1} variação da concentração de nitrato e amónio na solução do solo. Para superar os mecanismos bioquímicos, fisiológicos e morfológicos (Stitt et *al.*, 2002). As plantas regulam a sua atividade de transporte para neutralizar o desequilíbrio de azoto no solo (Gojon et *al.*, 2009). Esta transformação do azoto no solo é moderadamente dependente de alterações na expressão genética (Vidal e Gutiérrez, 2008; Guo, 2021).

A fotossíntese, a respiração, o armazenamento de energia, a divisão celular e a maturação das plantas procuram o fósforo para o seu crescimento. O potássio é um nutriente vital na planta para o metabolismo, a síntese de proteínas e o desenvolvimento da clorofila (Yagoub et *al.*, 2011).

O RGR realizado e a importância relativa dos componentes de crescimento são decididos pelas condições ambientais. Estudos actuais questionaram o ponto de vista geral do SLA como o principal fator de decisão do RGR e mostraram que o fluxo médio diário de fotões está bem relacionado para explicar as razões das diferenças de RGR entre espécies. Assim, a uma densidade de fluxo de fotões diária elevada, a diferença no RGR foi feroz e positivamente associada à taxa de assimilação líquida (NAR), mas fraca e negativamente ao SLA. Shipley, 2002, argumentou que o resultado geralmente relatado de que "a diferença interespecífica em RGR foi decidida primeiramente por SLA", foi parcialmente devido à baixa radiância usada em várias experiências. Assim, a importância relativa de SLA e NAR mudaria dependendo da irradiância considerada pela planta (Shipley, 2002). Como afirmado por Loveys et *al.*, 2002, o RGR foi notavelmente e positivamente relacionado com o NAR. Inicialmente, as plantas foram cultivadas a 18°C e, durante o crescimento, aumentaram para 23°C ou 28°C, o padrão de RGR mudou e relacionou-se positivamente com o SLA, mas não com o NAR. Apesar da importância de estudar o crescimento em condições naturais. Apenas alguns estudos estudaram o padrão de crescimento e as características relacionadas; LAR, SAR, NAR e afetação de biomassa de espécies selvagens produzidas em condições naturais ou cultivadas no campo. São poucos os estudos que investigam os padrões de crescimento e características relacionadas (como LAR, SLA, afetação de biomassa e NAR) de espécies de plantas selvagens que crescem em habitats naturais ou cultivadas em condições de campo. As duas perspectivas utilizadas nos estudos de crescimento; a investigação com ambientes controlados e os estudos de campo são ambos válidos e compatíveis. Mas há uma lacuna significativa nos estudos de crescimento em condições naturais e, para isso, são necessários mais estudos para se poder generalizar (Villar, et *al.*, 2005).

As espécies vegetais podem diferir muito na produção de biomassa. Esta diferença pode ser causada pelo peso da semente e pela duração do período de crescimento. Além disso, a taxa máxima de crescimento relativo (RGR), o aumento do peso seco por pedido de impressão para uma unidade de biomassa e por unidade de tempo em condições óptimas, pode diferir entre espécies. Grime e Hunt, 1975, compararam 130 plantas herbáceas perenes e mudas de árvores anuais, todas da flora local. No entanto, todas as espécies foram cultivadas em condições uniformes e mais ou menos óptimas. Verificou-se uma grande diferença na taxa de crescimento, a RGR variando de 31 a 386 mg g^{-1} dia^{-1} com base na experiência em câmara de crescimento, diferenciando três grupos diferentes de espécies: locais ou ruderais com competição intensiva, ambos com uma RGR potencial elevada, e espécies que crescem em ambientes desfavoráveis, com uma RGR potencial baixa. O maior crescimento de RGR ajuda no crescimento rápido e ajuda a ocupar um espaço maior e torna-se vantajoso durante os encontros com a cultura principal. Um crescimento mais rápido ajuda a completar rapidamente o ciclo de vida da planta, necessário para plantas que crescem em terrenos baldios. Uma opção à observação acima referida foi que não só a percentagem de RGR é o único alvo da seleção natural, mas também as características ligadas ao RGR são importantes (Grime e Hunt, 1975; Chapin, 1980; Lambers e Dijkstra, 1987). O RGR era a medida do NAR e do LAR, o NAR era principalmente o agregador líquido da perda de carbono através da respiração, volatilização e ganho de carbono devido à fotossíntese expressa por unidade de área foliar enquanto o LAR era a correlação entre o peso total da planta e a área foliar, uma fração do peso total da planta e era o resultado de componentes morfológicos. Eagles, 1967 e Pons, 1977, afirmaram nas experiências que a diferença de crescimento entre as espécies era responsável pela diferença na RLR, e numa experiência diferente, ambos os parâmetros estavam relacionados com a diferença inerente na RGR (Jarvis e Jarvis, 1964; Corré 1983; Poorter e Remkes, 1990).

Acredita-se que a diferença na taxa de crescimento relativo (TCR) entre espécies de plantas nativas e invasoras seja o principal elemento responsável pela invasão. A RGR é uma estrutura complexa decidida por componentes como biomassa, morfologia e fisiologia. Vários trabalhos de investigação têm sido efectuados sobre as diferenças de RGR entre espécies de plantas invasoras e nativas (Baskin *et al.*, 1999; Bellingham *et al.*, 2004; Burns, 2004). Para estratégias de gestão eficazes, é necessário prever e compreender as espécies invasoras actuais e futuras. As espécies autóctones adaptadas a solos pobres em nutrientes de regiões áridas apresentam um RGR inferior ao das espécies invasoras (Garcia-Serrano et *al.*, 2005). Esta diferença aumentou ainda mais com a disponibilidade dos recursos necessários. A elevada taxa de RGR permitiu que as espécies invasivas crescessem rapidamente e ocupassem os recursos e o espaço disponíveis, consumindo menos tempo para completar o seu ciclo de vida (Poorter, 1989). As gramíneas perenes apresentaram LAR e SLA mais elevados do que as anuais, pelo que ficou claro que este tipo de caraterística era mais favorável para as invasoras neste tipo de ambiente (Garnier, 1992). Na espécie *Pinus, as* medidas de NAR, LMR e SLA para as espécies invasoras e nativas mostraram que a variação destas leva à variação do RGR. Mas o SLA foi o principal fator que contribuiu para um valor mais elevado de RGR em ambas as espécies de *Pinus* na fase comunitária e continental (Grotkopp et *al.*, 2002; Lake e Leishman, 2004; Hamilton et al., 2005). A razão para o maior RGR em espécies invasoras pode dever-se a uma maior área foliar por unidade de biomassa, o que proporciona um maior retorno do investimento em carbono e também permite alcançar um RGR mais elevado do que as plantas nativas. O estudo teve como objetivo determinar o efeito de um solo pobre em nutrientes nas plantas invasoras e nativas e no seu crescimento. Foi efectuada uma análise de caminhos para identificar os componentes fisiológicos e morfológicos do RGR que fazem a diferença no RGR das espécies de plantas nativas e invasoras (James e Drenovsky, 2007).

Foi observada uma grande diferença na RGR entre espécies. As espécies com taxas de crescimento lento apresentaram um RGR razoavelmente constante e as espécies de crescimento rápido apresentaram um intervalo de peso seco de 30-00 mg no início da experiência, tal como definido por J. P. Grime, R. Hunt 1975. Existe uma boa relação entre o valor do RGR e o valor da experiência para as espécies em ambas as análises. A exceção foi a *Poa annua* que cresceu mais lentamente do que o normal e o crescimento mais elevado foi mostrado pelo *Anthriscus sylvestris, Geum urbanum,* e *Taraxacum officinale* cerca de 100 mg g^{-1} dia^{-1} . As diferenças genotípicas num RGR podem ser uma descrição das diferenças observadas (Roetman e Sterk, 1986; Poorter e Remkes, 1990).

A nível mundial, a seca é o principal fator limitante da produção e do rendimento do trigo (Mancosu *et al.,* 2015; Daryanto *et al.,* 2016). A produção de trigo em condições hídricas limitadas é uma contribuição importante para a produção em África do que a produção em terras secas (Fourie e Botha, 2011). Para suportar este tipo de condições, a irrigação num determinado intervalo conduz à maximização da produção de trigo, mas, por outro lado, pode ser arriscada porque, por vezes, conduz a uma quebra de colheita ou reduz o rendimento (Tabassam *et al.,* 2014). As fases de crescimento sensíveis investigadas na produção de trigo foram o perfilhamento, a floração e o enchimento de grãos (Nayyar e Walia, 2003; Ram *et al.,* 2013; Sokoto e Singh, 2013). Mas, por vezes, a composição genética que rege o fator fisiológico ajuda a lidar com o stress hídrico num determinado ponto do crescimento do trigo (Blum, 2005; Farooq, *et al.,* 2009; Hanin, *et al.,* 2011). A prolina foi a composição de aminoácidos que se acumula nas plantas durante condições de stress hídrico, juntamente com a taxa de fotossíntese e a taxa de transpiração utilizadas como índices fisiológicos em vários estudos. A recolha de prolina e de radicais livres de oxigénio são alguns outros indicadores na planta de stress hídrico (Hayat *et al.*, 2012). A reação destas características ao stress hídrico ajudou os investigadores e botânicos a identificar o genótipo do trigo irrigado (Akram, 2011; Saeidi, *et al.*, 2015). Este tipo de investigação não foi muito realizado em África, pelo que este estudo teve como objetivo encontrar genótipos de trigo irrigado tolerantes ao stress hídrico, avaliando a sua resposta fisiológica (Liwani, 2018).

O aumento do trigo seco da espécie relativamente ao peso inicial é designado por taxa de crescimento relativo e a CGR é a medida do crescimento absoluto (Reddy, 2004). Nadim *et al.*, 2011, afirmaram que a aplicação de boro (3 kg ha^{-1}) deu um aumento notável na RGR. O aumento da concentração de boro e zinco na planta mostrou uma maior acumulação de alimentos nas folhas, resultando num maior RGR (Card, *et al.*, 2005; Nataraja, *et al.*, 2006). A taxa de assimilação líquida é a capacidade de uma planta para aumentar o peso seco relativamente à área da sua superfície assimilatória. É principalmente a eficiência fotossintética relacionada com a LAR e a NAR (Reddy, 2004). A aplicação de cobre a 6 kg ha^{-1} no trigo produziu uma maior taxa de assimilação líquida (3,19). Concentrações elevadas e RGR nas folhas aumentam a formação de clorofila e a taxa fotossintética. Shukla e Warsi, 2000, também descobriram uma NAR mais elevada com a aplicação de zinco e NPK (Louhar, 2019).

2.2 ANÁLISE DO RENDIMENTO

Para maximizar a produtividade das culturas, a nutrição equilibrada e a água são factores cruciais. O trigo é uma cultura sensível à água, uma maior quantidade de água leva a um encurtamento do período reprodutivo e o stress hídrico durante a floração também tem efeitos, pelo que ambos os parâmetros conduzem ao fracasso da cultura ou à diminuição do rendimento. É necessário planear a irrigação por etapas, com base numa abordagem climatológica e nas fases vegetativa e reprodutiva, a fim de manter a humidade ideal para um melhor rendimento (Verma *et al.*, 2017).

As condições favoráveis, juntamente com o aumento do nível de fertilidade, aumentam o rendimento, o que também resulta numa melhoria do vigor das plantas. Uma descoberta semelhante também foi relatada por Singh e Prasad, 1998. A aplicação de agrispon @ 1 l ha^{-1} na semeadura aumentou os atributos de rendimento, exceto o peso de teste, em comparação com a pulverização única e o controle. Este rendimento positivo foi encontrado devido à aplicação de agrispon e seus benefícios em vários parâmetros fisiológicos e também devido a atividades metabólicas melhoradas (Khan, 1994). Maior taxa de transpiração devido a IAA e GA e também maior conteúdo de DNA e RNA (Kumar e Agarwal, 2013).

O rendimento de grãos e palha do trigo foi notavelmente afetado pela aplicação de fertilizantes. O aumento do nível (até 5%) teve um impacto direto no rendimento do grão que aumentou sucessivamente (níveis de fertilizante até 120+60 Kg ha^{-1} NP). Com base em dados agrupados, o maior rendimento de grãos de 5021 Kg ha^{-1} foi registado com o fertilizante N, P recomendado (Tomer, et al., 1995). Prasad e Singh, 1995, registaram um maior rendimento com 120+60 Kg ha^{-1} N, e Garzaro e Syltie, 1994; Tamak, 1997, também notaram uma melhoria no rendimento de várias culturas devido à aplicação de agrispon. Tomer, et al., 1995, também registaram um aumento no rendimento de grãos através da aplicação de spray de citocinina e, por outro lado, a aplicação de agrispon aumentou a eficiência do fertilizante (Kumar e Agarwal, 2013).

Em relação aos outros tratamentos, o tratamento I2 (irrigação a 0,9 IW/CPE ratio) teve um maior número de perfilhos produtivos e manteve a planta verde durante mais tempo, mantendo o teor de clorofila das folhas (Chaplot e Sumeriyan, 2013). O tratamento I2 tem mais comprimento de espiga e número de grãos por espiga. A maior eficiência reprodutiva foi responsável por um maior comprimento da espiga e pelo número de grãos por espiga. Ambos os parâmetros estão firmemente relacionados entre si; se um aumenta, o outro também aumenta (Kumar, 2015). A avaliação mostrou que os tratamentos I2 e I5 registaram o maior crescimento do peso de teste em relação aos outros tratamentos. É o fornecimento da água de rega necessária na fase reprodutiva que resulta num aumento da fotossíntese durante a fase de enchimento do grão. Isto pode ser devido a uma melhor nutrição que ajuda a translocação suave de materiais alimentares da fonte para o sumidouro e ajuda no aumento da produção e características alcançadas como; o número de grãos por espiga, o número de perfilhos úteis, comprimento da espiga e peso de teste. O resultado acima é também semelhante ao resultado apresentado por (Nayak et al., 2015). Bikrmaditya et *al.*, 2011, também registaram que o aumento dos níveis de irrigação com base no rácio IW/CPE ajuda a aumentar os atributos de rendimento do trigo (Verma, 2017).

O trigo desempenha um papel significativo nos seres humanos e nos animais e nas suas actividades; dieta, saúde, estudo e forragem. Assim, há uma expetativa decente em relação ao trigo no futuro (Pathak e Shrivastav, 2015).

O trigo tem uma gama variada de aplicações e é benéfico de muitas maneiras, o estudo idêntico, a análise quantitativa e qualitativa do extrato de trigo foi realizada e o cromatograma HPTLC mostrou manchas coloridas que indicaram a presença de biomoléculas e o estudo mostrou esperança para o desenvolvimento de valores quimioterapêuticos. O trigo desempenha um papel importante nos seres humanos e na sua atividade; dieta, forragem, saúde, etc., pelo que há também uma expetativa decente em relação ao trigo no futuro no que diz respeito a estes critérios (Pathak e Shrivastav, 2015).

A aplicação de estrume orgânico melhora a qualidade física do solo, bem como os nutrientes das plantas. Na cultura alimentar, a aplicação de vermicompostagem e de FYM é de primordial importância e aumenta a fertilidade do solo, e a atividade microbiológica do solo desempenha um papel vital na translocação de nutrientes e na disponibilidade de nutrientes para a cultura. No contexto das propriedades físicas, a estrutura do solo, a porosidade e o aumento da capacidade de retenção de água do solo aumentam. O vermicomposto com resíduos processados por minhocas tem nutrientes numa forma que pode ser facilmente absorvida pelas plantas; fósforo permutável, nitrato, Ca solúvel e Mg (Verma, 2017).

Foi utilizada uma análise elevada de NPK para aumentar o rendimento das culturas de trigo, que também contém uma baixa quantidade de micronutrientes. Uma perda de rendimento elevada implica uma maior quantidade de nutrientes no solo. A aplicação equilibrada de nutrientes na cultura satisfaz as necessidades do solo e é útil para a saúde humana. Também promove os atributos de rendimento do trigo; índice de área foliar, duração da área foliar, taxa de crescimento da cultura, taxa de crescimento relativo, taxa de assimilação líquida, teor de clorofila, etc. (Louhar, 2019).

Descobriu-se que, em condições de humidade suficiente na estrutura do solo, uma maior disponibilidade de NPK ou de nutrientes conduz a um melhor crescimento e rendimento. Isto também se deve ao facto de níveis de irrigação mais elevados poderem ajudar o desenvolvimento das raízes, diminuindo a resistência mecânica do solo, uma maior absorção de nutrientes, uma transpiração mais elevada e um metabolismo mais elevado, conduzindo a uma maior fotossíntese na planta (Bhunia, 2006). Isto pode ser possível devido à irrigação programada da relação 0,9 IW/CPE e da relação 1,0 IW/CPE na sua fase reprodutiva, resultando num maior crescimento e num resultado homogéneo (Mishra e Kushwaha, 2016).

O fornecimento de nitrogénio mostrou um aumento no comprimento dos perfilhos e na altura das plantas (Sharma *et al.,* 2016). A planta necessitava de uma maior quantidade de fósforo durante ou após a germinação, e a deficiência causava clorose, necrose e a parte inferior das folhas apresentava uma cor amarelada (Snowball e Robson, 1991). Enquanto que a raiz e a superfície da planta requerem uma maior concentração de potássio. A aplicação de micronutrientes em diferentes períodos de crescimento mostrou um aumento na altura da planta, rendimento biológico, peso e rendimento de grãos (Khan et *al.,* 2010). As culturas têm um excelente desempenho numa determinada condição e o solo pode não ter um melhor desempenho noutras condições ou tipos de solo (Adhikari et *al.,* 2019; Chaudhary e Patel, 2021).

CAPÍTULO 3: Material e metodologia

MATERIAL VEGETAL E ÁREA DE INVESTIGAÇÃO

Triticum aestivum L. foi selecionado como material vegetal para o presente estudo experimental. As sementes foram obtidas da agro seed, Visnagar, e foram cultivadas na quinta Khandosan, Visnagar, distrito de Mehsana, Gujarat, Índia.

Nome botânico: *Triticum aestivum* L.

Família: Poaceae (Graminae)

Nome comum: Ghau

Sinónimo: Trigo

DESCRIÇÃO DA PLANTA:

O trigo é um membro da família das gramíneas Poaceae. *O Triticum aestivum* L. é também conhecido como trigo para pão. Originário da Ásia Ocidental, *o Triticum aestivum* L. espalhou-se depois pela América do Norte, Europa e Ásia Oriental. *O Triticum aestivum* L. necessita de um clima fresco, seco e límpido, mas desenvolve-se em condições climáticas muito variadas e em diferentes tipos de solos com boa drenagem. O tipo de sementeira do trigo depende da temperatura e do tipo de cultivo. A distância de sementeira depende dos tipos de solo e da época de sementeira. O trigo é geralmente afetado por três tipos de ferrugem, por *exemplo, a ferrugem* negra, a ferrugem amarela e a ferrugem castanha.

IMPORTÂNCIA ECONÓMICA:

O trigo é cultivado numa vasta gama de condições climáticas. É a fonte mais importante de alimentos de base, uma vez que 36% da população mundial depende dele. O trigo tem um elevado valor nutritivo entre os cereais, *ou seja, é* a fonte de hidratos de carbono, calorias, etc. Promove o rápido desenvolvimento económico e o crescimento dos rendimentos, uma vez que a Índia é o segundo maior produtor mundial. Face ao aumento da população, o trigo desempenha um papel importante na gestão da economia alimentar e da segurança alimentar da Índia. O trigo é utilizado no fabrico de chapattis, pão, biscoitos, bolachas, etc. Industrialmente, o trigo é utilizado para a preparação de glúten, amido, malte e álcool destilado. Também é útil como forragem para o gado. O trigo é fermentado para o fabrico de biocombustíveis, cerveja, etc.

ÁREA DE INVESTIGAÇÃO:

Condições climáticas:

As condições meteorológicas de uma determinada área durante um longo período de tempo são designadas por clima. A área de estudo é abrangida pelo Estado de Gujarat. Gujarat está situado na parte ocidental da Índia, com 33 distritos. O clima desta região é seco e frio no inverno e quente e seco no verão. A temperatura média desta região é de 29°C. O dia e a noite apresentam uma diferença de 17°C no inverno e, no verão, as temperaturas diurnas e nocturnas são de 49°C e 30°C, respetivamente.

A Índia tem três estações principais para a agricultura, em comparação com outros países que têm 2 estações. As três estações principais estão divididas ao longo do ano com base nos meses: 1) Monção: De meados de junho a meados de outubro (2) inverno: Meados de outubro a fevereiro (3) verão: março a meados de junho.

Esta região de estudo situa-se na parte norte de Gujarat, fazendo fronteira com o Rajastão e com a fronteira internacional com o Paquistão no lado noroeste, e insere-se na zona biogeográfica IV, com um clima semi-árido.

O solo pode variar de região para região e de acordo com as suas condições climáticas; Gujarat tem 9 tipos diferentes de solo com texturas que vão do franco-arenoso ao franco-argiloso. A área de Visnagar taluka é a localização exacta do local, que é rico em água do subsolo, mas a região é semi-árida, pelo que tem uma má qualidade das águas subterrâneas (650-800 pés), o excesso de irrigação teve um efeito negativo na fertilidade e produtividade do solo.

LOCALIZAÇÃO E ÁREA GEOGRÁFICA:

A aldeia de Khandosan, em Visnagar taluka, no distrito de Mehsana, é o coração do estado de Gujarat. Situa-se na parte norte de Gujarat. Geograficamente, a aldeia de Khandosan, Visnagar taluka, está rodeada por muitas taluka, como a sul Gojariya taluka, a norte

Kheralu e Vadnagar, a leste Vijapur e a oeste Unjha. As coordenadas geográficas são: Khandosan, Visnagar, distrito de Mehsana, Gujarat, Índia, latitude 23,7368073 N e longitude 72,4724133 E.

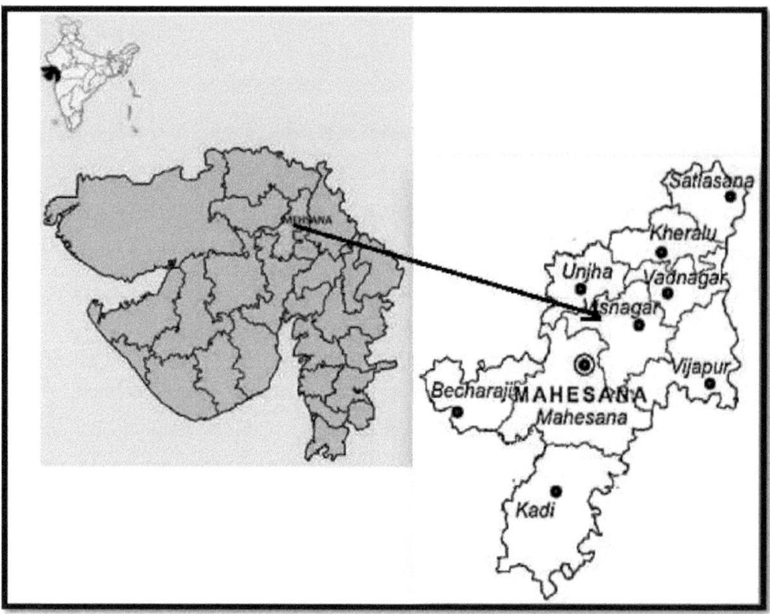

FIGURA 3.1: MAPA DA ÁREA DE ESTUDO MOSTRANDO O CAMPO DE CULTIVO DE TRIGO

METODOLOGIA

HISTÓRIA DO CAMPO:

O campo experimental tinha uma área de cerca de 0,411 hectares. O pH do solo do campo é de 6,6. O campo era geralmente irrigado. As principais rotações de culturas dos campos eram Juvar - Bajara - trigo. Os agricultores utilizavam a forma tradicional de cultivo, com uma variedade tradicional de sementes, e dependiam de estrume de quinta ou de muito poucos fertilizantes químicos. Por conseguinte, os campos eram nutricionalmente pobres, mas tinham infestações de ervas daninhas moderadamente elevadas. Os agricultores semeiam o trigo no inverno, de novembro a março, com um semeador, que era um método comum.

TAXA DE SEMENTES:

A semente foi espalhada a 125 kg ha^{-1} e a taxa óptima de semente foi calculada usando a fórmula sugerida por Pal *et al.,* 1996, como se segue:

$$\text{Seed Rate} \left(\frac{\text{kg}}{\text{ha}}\right) = \frac{\text{GW x NS}}{\text{SOT x SG}} \text{X } 100$$

Onde, GW = peso de 1.000 grãos (g)

NS = número de plântulas em colina^{-1}

SOT = Espaço de transplantação (espaçamento inter e intra-raízes, *ou seja,* a área em cm^2 planta)$^{-1}$

SG = percentagem de germinação das sementes.

PREPARAÇÃO DO CAMPO PARA A EXPERIÊNCIA

A preparação do campo para as experiências teve início na primeira ou segunda semana de novembro de 2019 e 2020. O campo foi cuidadosamente lavrado três vezes com o trator. A primeira lavra foi aplicada aos campos na primeira semana de novembro, depois de a cultura principal ter terminado, como se mostra na (placa 3.1 a, d), e a segunda e terceira lavras foram feitas depois da irrigação na preparação do campo, como se mostra na (placa 3.1 b, e) e depois de o campo ter sido dividido em parcelas experimentais de 5m x 5m com uma largura de terraço em 2019 e 2020, como se mostra na (Fig. 3.2) e (placa 3.1 c, f). Foi preparado um total de 4 parcelas para as cultivares *Triticum aestivum* L. G.W - 451.

Trigo difundido no estudo de campo:

Dimensão bruta do terreno: 6m x 6m

Dimensão líquida do terreno: 5m x 5m

Data de sementeira: 19/11/2019

20/11/2020

Data da colheita: 19/11/2019 e 06/04/2020

20/11/2020 e 08/04/2021

PLANO DE CAMPO LA YOUT

Para avaliar a influência da composição florística, das análises bioquímicas e das análises de biomassa e de crescimento na cultura, foram realizados ensaios de campo em cultivares em delineamento de blocos casualizados (DBR).

Um *plano de tratamento*

A experiência incluiu 4 parcelas e todas as parcelas foram submetidas a diferentes tratamentos, como monda manual, aplicação de herbicida e fertilizantes. A experiência, composta por 4 tratamentos nos campos, foi concebida da seguinte forma. A planta atual da experiência é apresentada na Figura 3.2.

Sem ervas daninhas (TT): Estas parcelas foram mantidas livres de ervas daninhas desde a data de difusão até à altura da colheita da cultura. Apenas as culturas de trigo podem ser cultivadas nestas parcelas.

Sem ervas daninhas (T0): As parcelas sem ervas daninhas foram mantidas com toda a flora natural de ervas daninhas sem qualquer tratamento desde a data de transmissão/transplante até à altura da colheita.

Estrume e monda manual aos 25 e 50 DAB e DAT (T1):

Nestas parcelas, foi adicionado estrume de curral e foi efectuado um casamento bimanual a intervalos regulares após a sementeira. A partir daí, as ervas daninhas poderão crescer juntamente com as plantas cultivadas.

Adubo químico e butacloro (T2):

Nestas parcelas, a dose basal de azoto (N), fósforo (P), potássio (K) e a aplicação pré-emergente do herbicida butacloro.

QUADRO 3.1: PLANO DE IMPLANTAÇÃO DO CAMPO PARA A COMPOSIÇÃO DAS ERVAS DANINHAS E DIFERENTES TRATAMENTOS

Treatments	Abbreviations
Weed-free throughout the cropping season	TT
Unweeded condition throughout the cropping season	T0
Farmyard manure + hand weeding on 25 and 50 days	T1
Chemical fertilizer + butachlor	T2

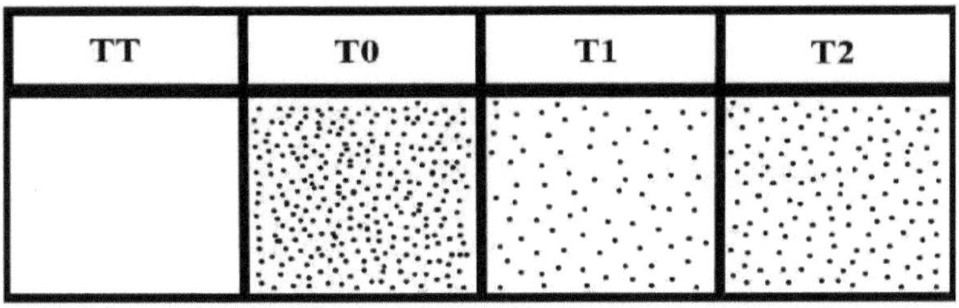

TT	T0	T1	T2

FIGURA 3.2: PLANO DE IMPLANTAÇÃO DO CAMPO PARA A COMPOSIÇÃO DAS PLANTAS DANINHAS E DIFERENTES TRATAMENTOS

Tratamento herbicida:

As ervas daninhas foram geralmente controladas com um dos métodos mais antigos de remoção de ervas daninhas, ou seja, *o* casamento manual, mas hoje em dia foram utilizadas técnicas modernas para o controlo de ervas daninhas, sendo uma delas a aplicação de herbicidas. Com base na distribuição das parcelas, foram praticadas diferentes técnicas de controlo de ervas daninhas. Havia quatro parcelas, na parcela T2 500 g de herbicida 2, 4-D butachlor foi dissolvido em 600 litros de água ha^{-1} e pulverizado após 30 dias da plantação. As parcelas TT e T1 foram capinadas manualmente, sendo que a parcela TT foi capinada manualmente em intervalos regulares e a parcela T1 foi capinada manualmente no 25th e 50th dia após a semeadura. De todas as parcelas, T0 foi deixada sem qualquer técnica de erradicação de ervas daninhas. A pulverização de herbicida é mostrada na placa 3.2 e a remoção de ervas daninhas à mão é mostrada na placa 3.3.

Aplicação de fertilizantes:

Os fertilizantes nitrogênio (N) e fósforo (P) foram aplicados à cultura do trigo no campo @ 120:60 kg ha^{-1} respetivamente fertilizante químico mais butacloro foram pulverizados em parcelas (T2). Metade do nitrogênio e do fósforo @ 60:60 foi aplicada como uma dose basal no momento da transmissão e a parte restante do nitrogênio foi aplicada em duas divisões iguais no momento dos estágios máximos de perfilhamento e iniciação da panícula. Nas parcelas de adubo e capina manual duas vezes (T1), o adubo de curral foi aplicado a 16 toneladas ha^{-1} . O fertilizante aplicado é mostrado na placa 3.2.

BIOMASSA E ATRIBUTOS DE CRESCIMENTO DO TRIGO:

As sementes de *Triticum aestivum* L. foram semeadas no mês de novembro diretamente no campo experimental pelo método do semeador. Após 25 dias da sementeira, os dados de crescimento são registados regularmente com um intervalo de 25 dias até ao fim da estação. Após 18 dias de fertilizantes, nitrogênio (N) e fósforo (P) foram aplicados à cultura do trigo no campo @ 60:60 kg ha^{-1} respetivamente fertilizante químico mais butacloro (T2) parcelas. Para os dados de crescimento, dez plantas foram seleccionadas ao acaso nas parcelas e foram cuidadosamente arrancadas da parcela. Foram imediatamente colocadas nos copos contendo água para evitar a secagem das plantas. As raízes das plantas foram devidamente lavadas em água corrente da torneira para remover o solo. As plantas foram então secas com papel absorvente. Cada uma das partes da planta foi então separada, ou seja, a raiz, o rebento, as folhas e a flor. O comprimento da raiz e o comprimento do rebento de cada planta foram registados separadamente (em cm). De igual modo, foi também registado o número de folhas e flores de cada planta. O peso fresco da raiz, do rebento e das folhas de cada planta foi medido separadamente com uma balança eléctrica de prato único e mantido numa estufa a 80°C para secar até obter um peso seco constante. Em seguida, o peso seco de cada uma das partes foi tomado. A mesma metodologia foi repetida nas estações seguintes para estudar, analisar e confirmar os resultados. Mostrado nas placas 3.4 a 3.7 o crescimento do intervalo de tempo para diferentes tratamentos.

Para cada um dos dados recolhidos, foi efectuada uma análise estatística. Os dados de crescimento foram categorizados em comprimento do rebento, comprimento da raiz, número de folhas e número de flores. Depois, para cada um dos parâmetros, foram calculados o desvio padrão e o erro padrão. O mesmo cálculo foi efectuado separadamente para o peso fresco de cada um dos parâmetros, *isto é,* rebento, raiz, folhas e flores para cada dado. Cada uma das partes dissociadas da planta, que foi embalada separadamente e mantida numa estufa a 80°C para secagem até à obtenção de um peso seco constante, foi pesada e os valores anotados para cada um dos parâmetros foram posteriormente analisados para o cálculo do desvio padrão e do erro padrão.

O peso seco também foi usado para calcular vários parâmetros de crescimento como a Taxa de Crescimento Relativo (R.G.R.), a Taxa de Assimilação Líquida (N.A.R.) e a Razão de Peso da Folha (L.W.R.). A importância de caracteres de crescimento como a Taxa de Assimilação Líquida (N.A.R.) e a Razão de Peso da Folha (L.W.R.) no estudo do crescimento da planta usando os dados de índices de crescimento de peso seco, nomeadamente a Taxa de Crescimento Relativo (R.G.R.) (Blackman, 1919), a Taxa de Assimilação Líquida (N.A.R.) (Gregory, 1926) e a Razão de Peso da Folha (L.W.R.) foi sugerida por Williams, 1946; Coombe, 1960. O R.G.R., L.W.R., e N.A.R. foram calculados usando as seguintes fórmulas:

Taxa de crescimento relativo (R.G.R.):

O R.G.R. foi determinado como a diferença entre os logaritmos naperianos dos pesos secos de amostras sucessivas, como indicado por Blackman, 1919.

$$R.G.R = \frac{\log_e W_1 - \log_e W_0}{T}$$

Taxa de Assimilação Líquida (TAL):

O N.A.R. foi calculado usando a fórmula de Gregory (1926) a partir dos dados de produção de matéria seca da planta inteira e da folha.

$$N.A.R. = \frac{(W_1 - W_0)\ \log_e W_1 - \log_e W_0}{(L_1 - L_0)}$$

Razão de Peso das Folhas (R.P.F.):

O L.W.R. foi calculado usando a fórmula de Williams (1946) e Coombe (1960) a partir dos dados de peso seco da folha.

$$L.W.R. = \frac{(L_1 - L_0)\ \log_e W_1 - \log_e W_0}{(\log_e L_1 - \log_e L_0)\ (W_1 - W_0)}$$

Onde,

W_0 = peso seco inicial da planta inteira.

W_i = peso seco da planta inteira após um determinado período de tempo.

L_0 = peso seco inicial das folhas da planta.

L_i = peso seco das folhas da planta.

T = período de tempo.

RENDIMENTO E ATRIBUTO DE RENDIMENTO DO TRIGO:

Na altura da colheita, foram retirados aleatoriamente dez perfilhos de cada parcela e foram registadas as seguintes observações. A placa 3.8 mostra o campo pronto para a colheita.

A: Número de panículas por colina

O número médio de panículas foi registado em cada parcela através da contagem de dez plantas arrancadas ao acaso.

B: Peso de mil grãos

Foram contados mil grãos cheios nas plantas amostradas e o seu peso foi medido em gramas numa balança eléctrica (Misra, 1968).

C: Densidade da panícula

A densidade da panícula indica a compacidade da panícula, que foi calculada pela fórmula dada por Singh (1995).

$$\text{Panicle density} = \frac{\text{Number of grains per panicle}}{\text{Length of panicle}}$$

D: Rendimento de grãos.

As parcelas em rede foram colhidas separadamente. O rendimento do grão foi registado após a debulha e a limpeza do produto. O rendimento de grãos por parcela foi pesado em kg e finalmente convertido em toneladas por hectare.

E: Rendimento em palha

A palha obtida na superfície da rede foi pesada em quilogramas por parcela.

F: Índice de colheita:

O índice de colheita foi calculado pela seguinte fórmula e registado em percentagem.

$$\text{Harvest index (\%)} = \frac{\text{Grain yield}}{\text{Grain yield } + \text{ Straw yield}} \times 100$$

G: Índice de infestantes

O índice de infestantes foi calculado utilizando a fórmula dada por Gill e Kumar (1969):

$$\text{Weed index } (\%) = \frac{X - Y}{Y} \times 100$$

Onde, X = Rendimento de grãos em parcelas sem ervas daninhas

Y = Rendimento de grãos nas parcelas tratadas

H: Rendimento biológico.

O rendimento biológico foi calculado pela soma do rendimento em grão e do rendimento em palha por hectare.

CAPÍTULO 4: Resultados e discussão

4.1: Análise da biomassa e do crescimento

Análise da biomassa:

Os resultados foram obtidos durante o estudo da cultura do trigo em intervalos regulares na planta, vários parâmetros foram medidos no intervalo regular de 25 dias a partir do mesmo dia em que foi transferido para a parcela experimental até o final do crescimento e análise de biomassa em condições sem ervas daninhas durante toda a estação de cultivo (tratamento-1), condição sem ervas daninhas durante toda a estação de cultivo (tratamento 2), esterco de curral e capina manual em 25 e 50 dias (tratamento 3) e fertilizante químico e butaclor (tratamento-4). No presente estudo, o tratamento-1 foi TT, o tratamento-2 foi T0, o tratamento-3 foi T1, e o tratamento-4 foi marcado como parcelas T2.

Parâmetros como o comprimento da raiz e o comprimento do rebento foram medidos em cm/planta e outros parâmetros como o número de folhas, o número de flores e o número de sementes foram contados como número por planta. Mostre os dados de crescimento medidos durante o período de crescimento e as (Figura 4.1- 4.5 e 4.6- 4.10) mostram a representação gráfica da cultura do trigo em 2019-21.

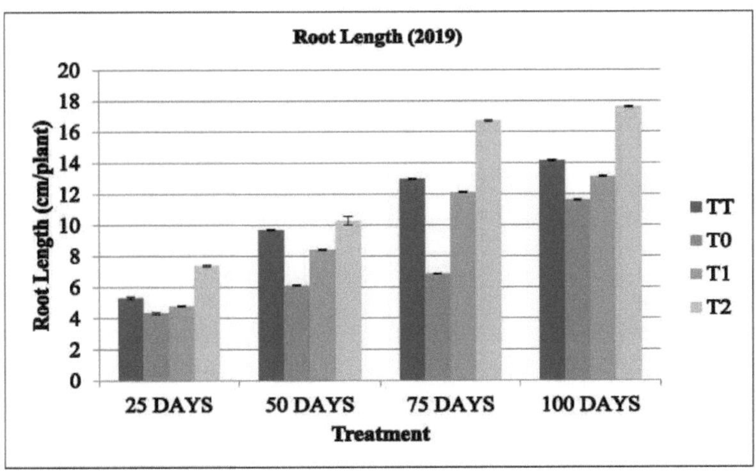

FIGURA 4.1: MOSTRAGEM DO COMPRIMENTO DAS RAÍZES DE *Triticum aestivum* L. SOB DIFERENTES TRATAMENTOS DURANTE EXPERIMENTOS DE CAMPO

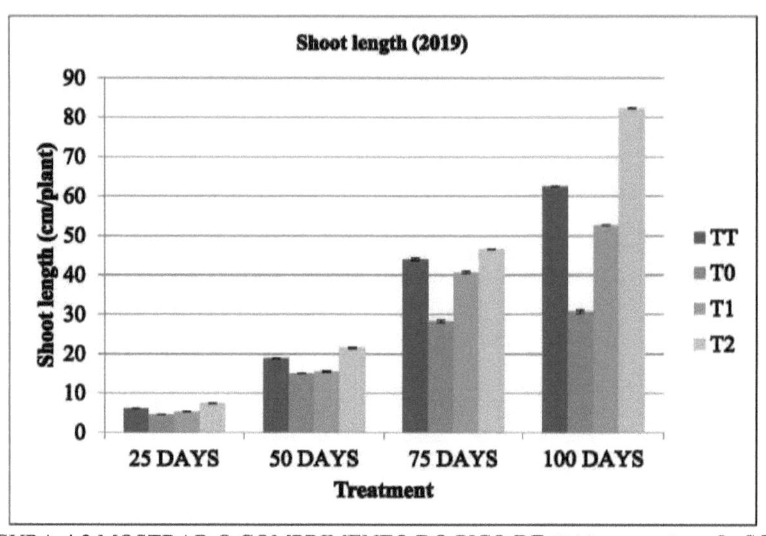

FIGURA:4.2 MOSTRAR O COMPRIMENTO DO PICO DE *Triticum aestivum* L. SOB DIFERENTES TRATAMENTOS DURANTE EXPERIMENTOS DE CAMPO

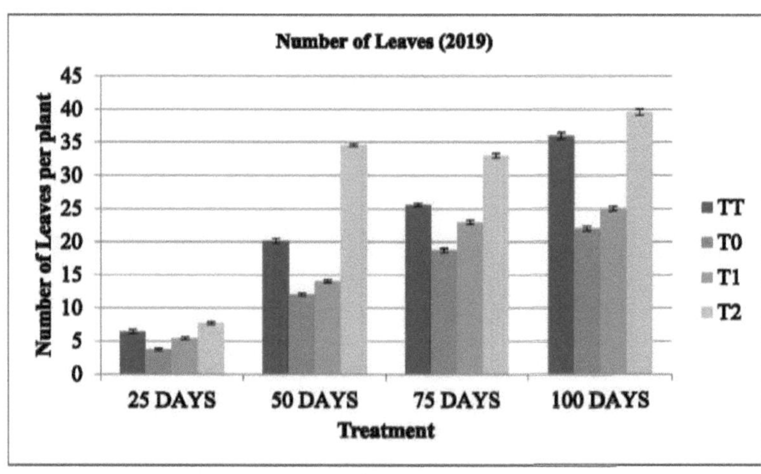

FIGURA:4.3 MOSTRAGEM DO NÚMERO DE FOLHAS POR PLANTA DE *Triticum aestivum* L. SOB DIFERENTES TRATAMENTOS DURANTE OS EXPERIMENTOS DE CAMPO

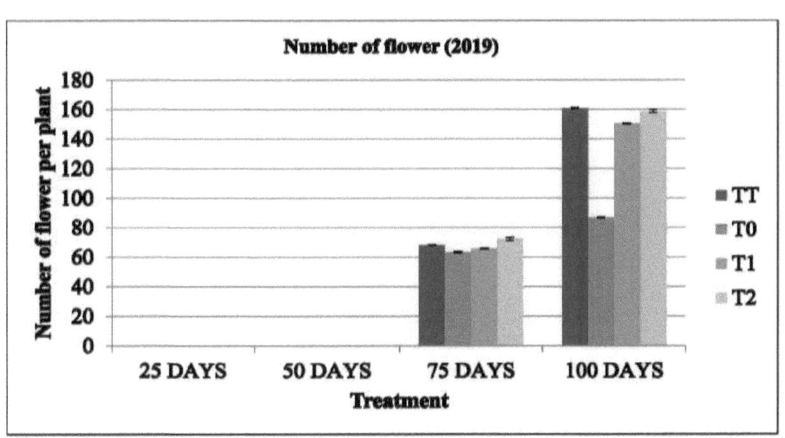

FIGURA:4.4 MOSTRA O NÚMERO DE FLORES POR PLANTA DE *Triticum aestivum* L. SOB DIFERENTES TRATAMENTOS DURANTE OS EXPERIMENTOS DE CAMPO

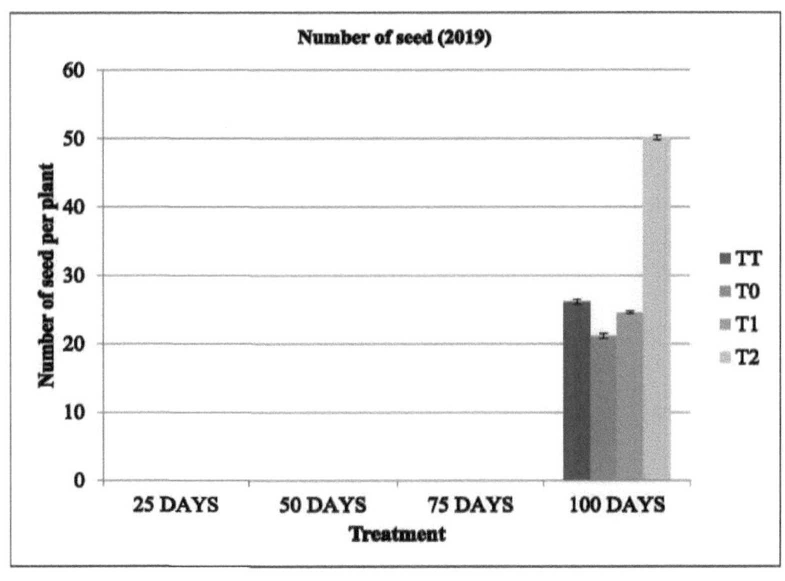

FIGURA:4.5 MOSTRA O NÚMERO DE SEMENTES POR PLANTA DE *Triticum*

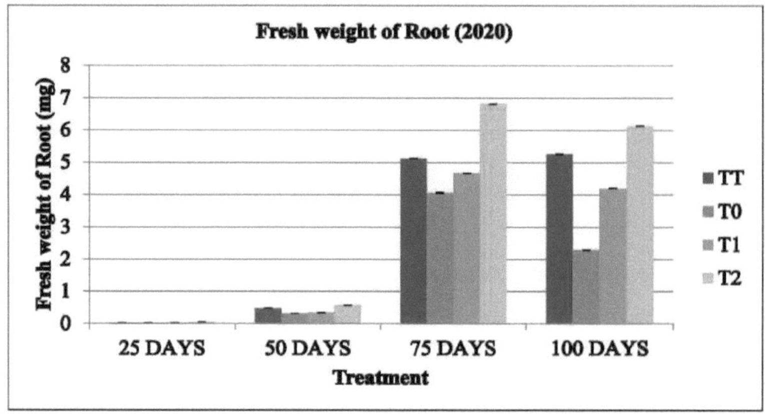

FIGURA 4.6: PESO FRESCO DE RAÍZES DE *Triticum aestivum* L. SOB DIFERENTES TRATAMENTOS DURANTE EXPERIMENTOS DE CAMPO

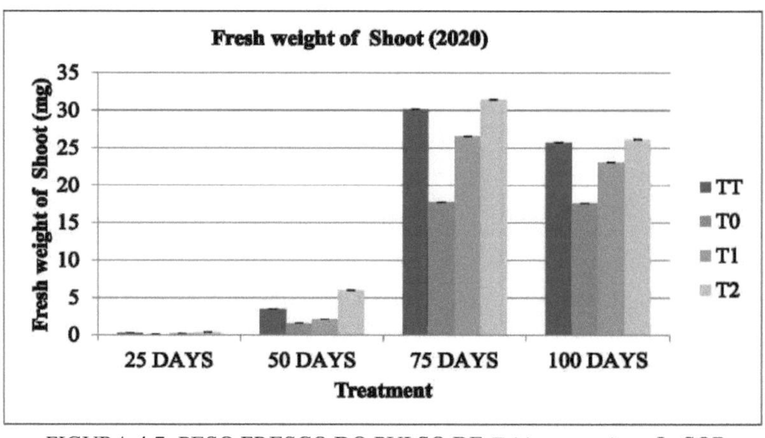

FIGURA 4.7: PESO FRESCO DO PULSO DE *Triticum aestivum* L. SOB DIFERENTES TRATAMENTOS DURANTE EXPERIMENTOS DE CAMPO

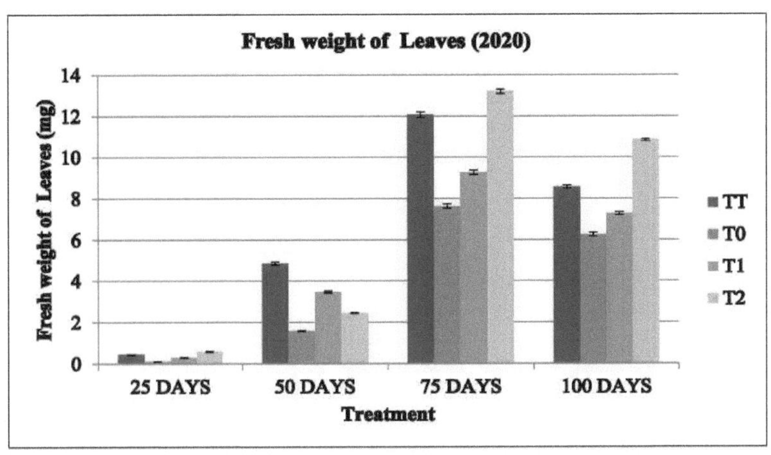

FIGURA 4.8: PESO FRESCO DAS FOLHAS DE *Triticum aestivum* L. SOB DIFERENTES TRATAMENTOS DURANTE EXPERIMENTOS DE CAMPO

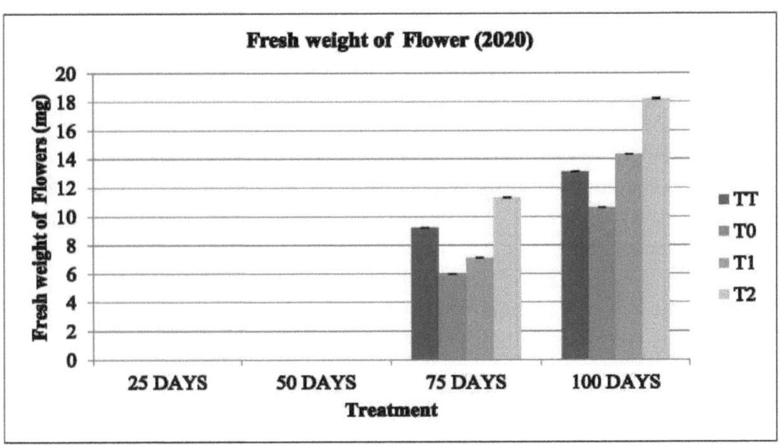

FIGURA 4.9: PESO FRESCO DE FLORES DE *Triticum aestivum* L. SOB DIFERENTES TRATAMENTOS DURANTE EXPERIMENTOS DE CAMPO

37

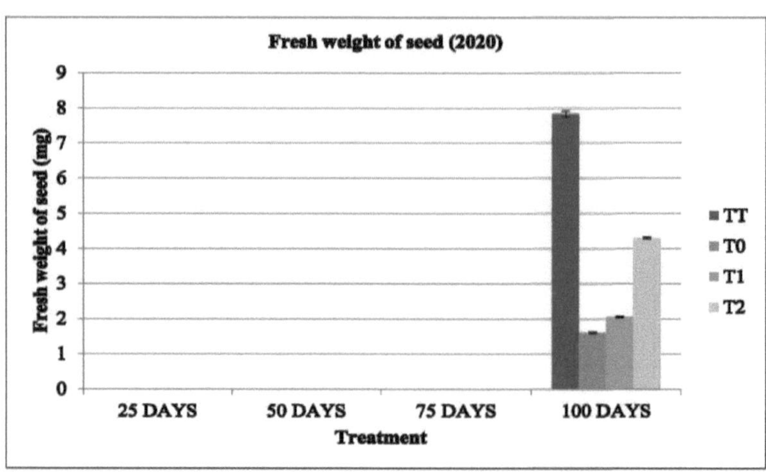

FIGURA 4.10: PESO FRESCO DAS SEMENTES DE *Triticum aestivum* L. SOB
DIFERENTES TRATAMENTOS DURANTE EXPERIMENTOS DE CAMPO

Observou-se que, durante o período de crescimento da planta, o comprimento da raiz, o comprimento do rebento, o número de folhas, o número de flores e o número de sementes aumentaram. O início da floração foi observado após 75 dias e a semeadura foi observada após 100 dias durante o período de crescimento. Durante o experimento, foi observado que a aplicação de fertilizante químico e butacloro nas plantas resultou em melhor crescimento do que a planta das parcelas T2, enquanto a aplicação de fertilizante químico e butacloro resultou em melhor crescimento das plantas do que outras plantas tratadas. Durante o presente estudo, observou-se que as plantas tratadas com fertilizante químico e butacloro apresentaram maior comprimento de raiz e comprimento de rebento. Foi observado que a biomassa de todas as partes da planta aumentou nas parcelas T2 e TT (sem ervas daninhas durante toda a estação de cultivo e com fertilizante químico e butacloro). Os resultados mostram que o peso fresco e o peso seco das plantas tratadas com fertilizante químico e butacloro foram superiores aos das plantas tratadas com monda manual, estrume de quinta e sem monda.

O peso fresco de diferentes partes da planta foi medido com base em factores; o peso fresco da raiz, rebento, número de folhas, número de flores e número de sementes (mg/planta) contados como número por planta. Mostre os dados de peso fresco medidos durante o período de crescimento e as Figuras 4.6- 4.10 e 4.11- 4.15 mostram a representação gráfica da cultura de trigo em 2019-21. Durante a experiência, observou-se que a aplicação de fertilizante químico e butacloro às plantas resultou em melhor crescimento na planta das parcelas T2 do que nas outras parcelas tratadas. Na cronologia, observou-se que 0,48±0,01, 5,99±0,04, 7,57±0,07, 8,02 ±0,09, e 0,58±0,02, 2,45±0,02, 13,19±0,11, 10,83±0,05 mostraram o aumento do peso fresco das folhas (mg/planta), respetivamente, à medida que a planta cresce. Peso fresco da semente (mg/planta) 1.705±0.027, 1.739±0.014, 2.046±0.027, 5.036±0.034(2019-20) em sua ordem crescenteT0, T1, TT, T2 tratamento respetivamente, e 1.605±0.0197, 2.0539±0.0215, 4.2962±0.0257, 7.8293±0.0855 (2020-2021) em sua ordem crescente T0, T1, T2, TT tratamento respetivamente.

O período de crescimento da planta de *Tithonia rotundifolia* Blake aumentou o comprimento do rebento, o comprimento da raiz, o número de folhas, o número de botões e o número de flores, e a planta mostrou uma boa resposta ao crescimento do que a planta de controlo com a aplicação de GA3 e ácido bórico, respetivamente (GA3> ácido bórico> planta de controlo), o que foi constatado durante o estudo experimental e também se verificou que o GA3 mostrou maior comprimento do rebento e da raiz do que outro, neste estudo a floração foi registada em 90 dias de crescimento da planta. A aplicação foliar do ácido bórico aumenta o crescimento da planta, *ou seja,* o comprimento do rebento, o comprimento da raiz, o número de folhas e o número de botões e flores (Fageria, N. K., 2008).

O efeito do GA3 no sistema de crescimento das plantas foi a estimulação da absorção de nutrientes e água e do processo de fotossíntese, o aumento do metabolismo pelo crescimento e armazenamento e o aumento do peso, e o aumento da altura da planta, número de ramos e flores leva ao aumento do peso seco, aumento da biomassa global na planta (Davis e Nunez, 2000 e McKee *et al.,* 1984, Abbas, 2011, Nasser *et al.,* 2008). Como estados de aplicação foliar, o boro aumenta o crescimento da videira, o rendimento e o número de frutos e o tamanho dos frutos de muitas culturas de cucurbitáceas no relatório do Conselho Indiano de Investigação Agrícola (Broadley, *et al.,* 2012).

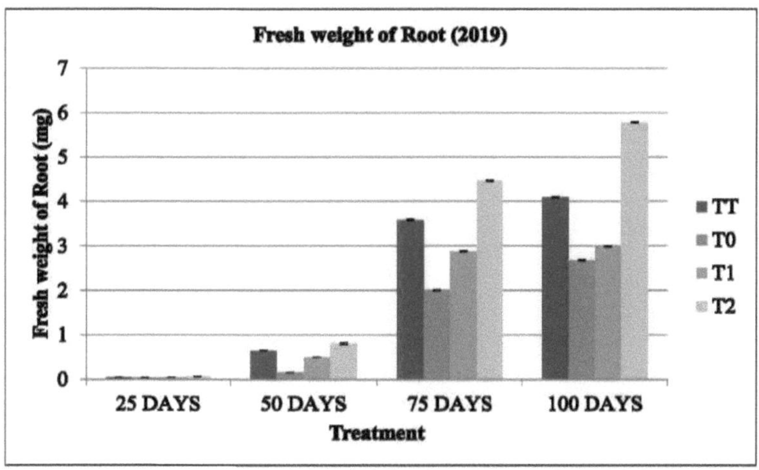

FIGURA 4.11: MOSTRAGEM DO PESO FRESCO DAS RAÍZES de *Triticum aestivum*

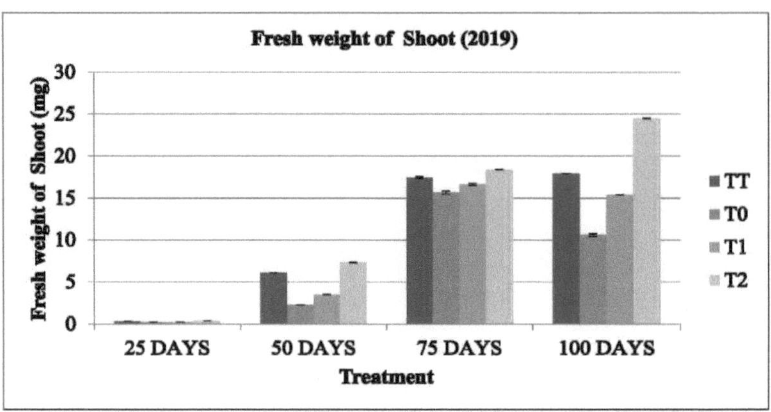

FIGURA 4.12: PESO FRESCO DA FOLHA DE *Triticum aestivum* L. SOB DIFERENTES TRATAMENTOS DURANTE EXPERIMENTOS DE CAMPO

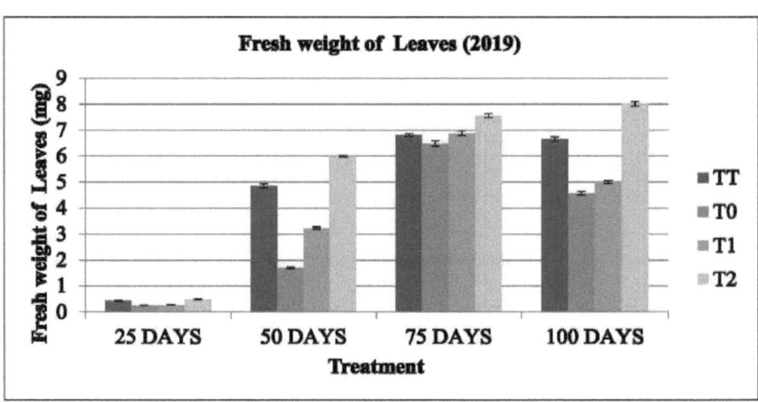

FIGURA 4.13: PESO FRESCO DAS FOLHAS DE *Triticum aestivum* L. SOB DIFERENTES TRATAMENTOS DURANTE EXPERIMENTOS DE CAMPO

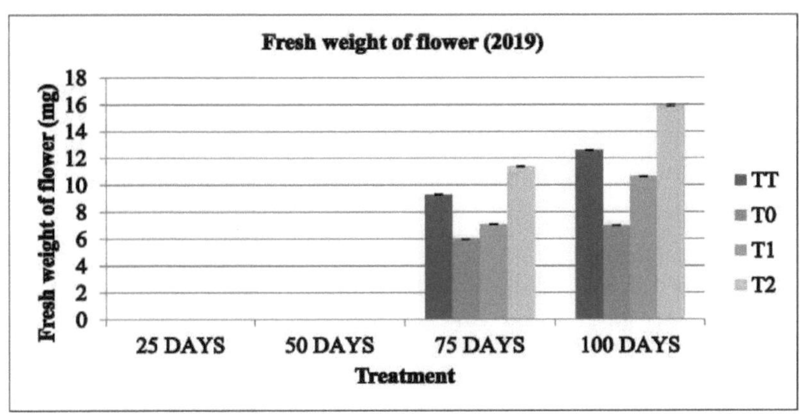

FIGURA 4.14: PESO FRESCO DA FLOR DE *Triticum aestivum* L. SOB DIFERENTES TRATAMENTOS DURANTE EXPERIMENTOS DE CAMPO

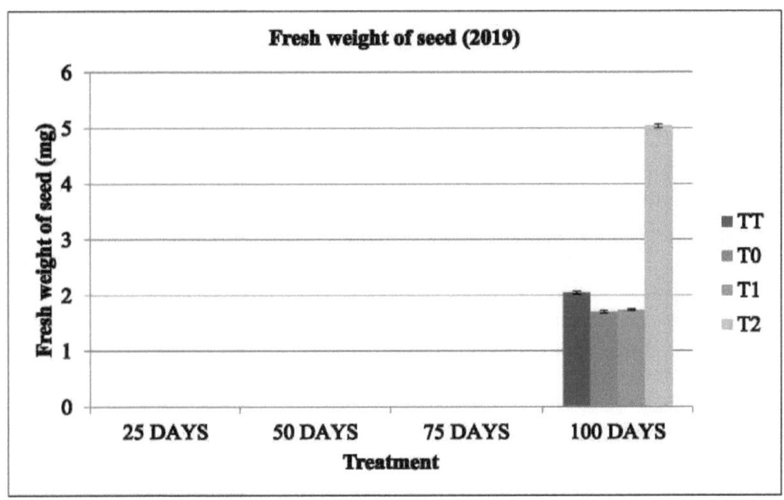

FIGURA 4.15: MOSTRAGEM DO PESO FRESCO DAS SEMENTES DE *TRITICUM aestivum* L. SOB DIFERENTES TRATAMENTOS DURANTE EXPERIMENTOS DE CAMPO

Observou-se que o peso seco de diferentes partes da planta foi medido com base em vários factores. Os dados de peso seco medidos durante o período de crescimento e as figuras 4.16 a 4.20 e 4.21 a 4.25 mostram a representação gráfica da cultura do trigo nos anos de 2019 a 2021. Durante o presente estudo, observou-se que as plantas tratadas com fertilizante químico e butacloro apresentaram um maior peso seco de raiz, rebento, número de folhas, flores e sementes. O peso seco da raiz para (2019-20) 0,02±0,0001,

41

0,27±0,0075, 1,73±0,0045, 2,10±0,0048 e para (2020-21) 0,02±0,0002, 0,21±0,0010, 2,42±0,004, 2,03±0,0023 de crescimento para o T2 Plot, respetivamente, em vários estágios. Peso seco da semente 0,80±0,013, 0,81±0,007, 0,85±0,0111, 2,31±0,016 e 0,74±0,0091, 0,86±0,0090, 1,07±0,012, 1,76±0,011 (Figura: 25) respetivamente para as parcelas T0, T1, TT, T2. Assim, à medida que a planta cresce, a biomassa aumenta e a parcela infestada apresenta menor biomassa em comparação com as outras parcelas tratadas.

De acordo com Patel 2015, o GA3 teve um maior crescimento em comparação com o tratamento com boro e controlo do peso fresco e do peso seco da biomassa da planta.

Tal como referido, a taxa de fotossíntese não foi sempre correlacionada no tempo com a taxa de transpiração em todos os tipos de condições, a taxa de fotossíntese foi principalmente influenciada pela energia aceite da luz que foi absorvida pela clorofila e pode não estar associada à condutância estomática ou à taxa de transpiração (Hidayati *et al.*, 2016).

No estudo do trigo irrigado, uma correlação positiva da condutância estomática e da transpiração pode não ter um efeito significativo do stress hídrico na floração, no perfilhamento e no enchimento do grão, caso semelhante ao do teor de prolina. Assim, as características medidas tiveram um efeito menos severo do stress hídrico sobre elas. Com base neste estudo, existe um ângulo positivo para os agricultores das zonas da África do Sul, onde podem maximizar a sua produção de trigo apesar da escassez de água nessas zonas. A partir dos resultados do estudo acima referido, o cientista conseguiu obter um genótipo potencial que pode lidar com esta condição de escassez de água em diferentes fases de desenvolvimento, mas ainda há margem para a descoberta destes resultados para uma nova experiência para descobrir a caraterística exacta que pode ter um melhor desempenho em todos os aspectos do ciclo de crescimento, tendo em conta as condições ambientais e as condições de seca.

De acordo com Louhar, 2019, os fertilizantes desempenham um papel significativo no crescimento das plantas, a aplicação equilibrada de macronutrientes e micronutrientes na planta é importante para um alto rendimento, qualidade saudável, bem como síntese de clorofila, formação de ácido nucleico, síntese e formação de proteínas, diferentes actividades enzimáticas, fotossíntese. Assim, a aplicação de nutrientes em condições controladas é muito importante para obter um melhor resultado.

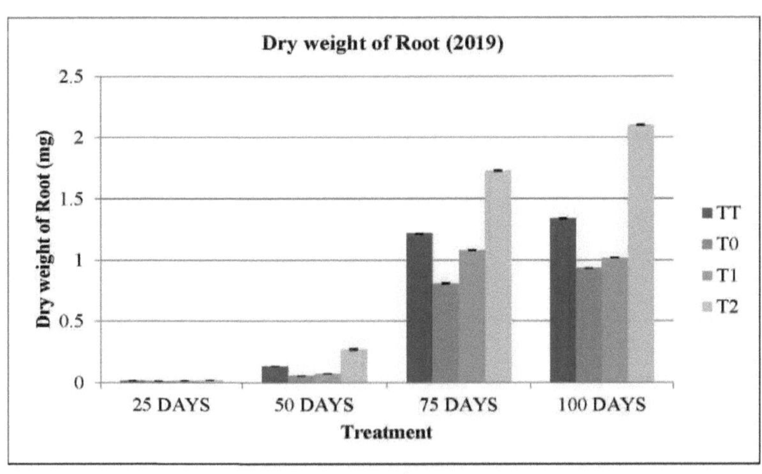

FIGURA 4.16: PESO SECO DAS RAÍZES DE *Triticum aestivum* L. SOB DIFERENTES TRATAMENTOS DURANTE EXPERIMENTOS DE CAMPO

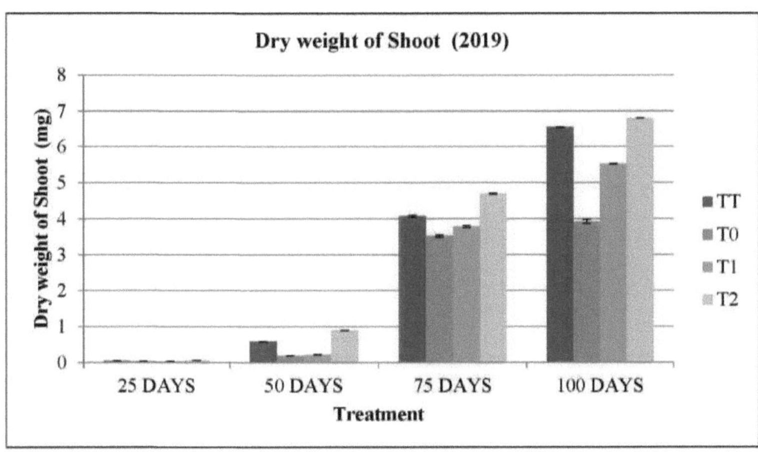

FIGURA 4.17: MOSTRAGEM DO PESO SECO DA FOLHA DE *Triticum aestivum* L. SOB DIFERENTES TRATAMENTOS DURANTE EXPERIMENTOS NO CAMPO

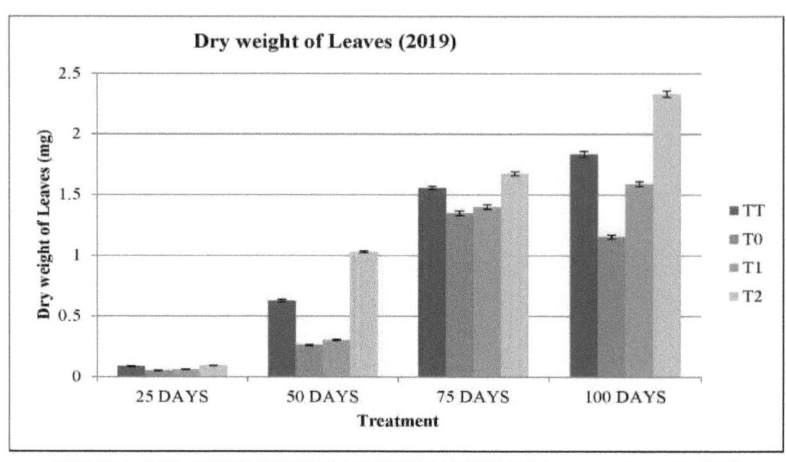

FIGURA 4.18: PESO SECO DAS FOLHAS DE *Triticum aestivum* L. SOB DIFERENTES TRATAMENTOS DURANTE EXPERIMENTOS DE CAMPO

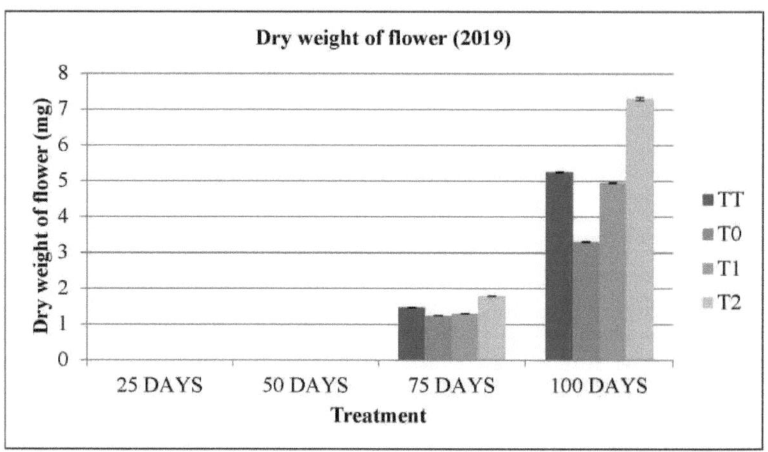

FIGURA 4.19: PESO SECO DA FLOR DE *Triticum aestivum* L. SOB DIFERENTES TRATAMENTOS DURANTE EXPERIMENTOS DE CAMPO

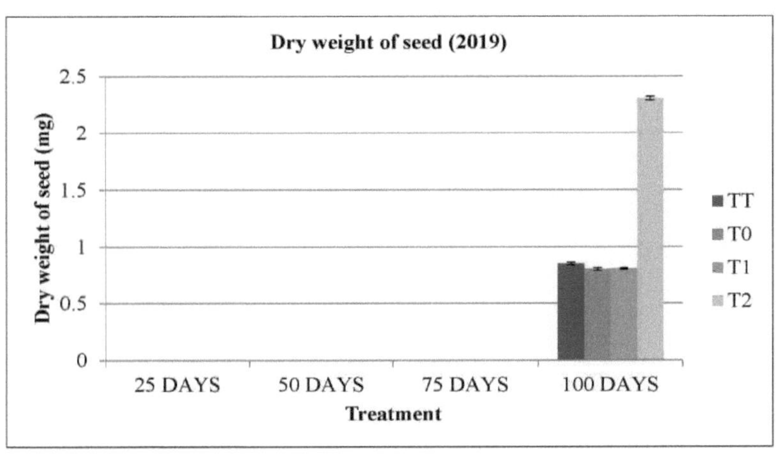

FIGURA 4.20: MOSTRAGEM DO PESO SECO DAS SEMENTES DE *TRITICUM aestivum* L. SOB DIFERENTES TRATAMENTOS DURANTE EXPERIMENTOS DE CAMPO

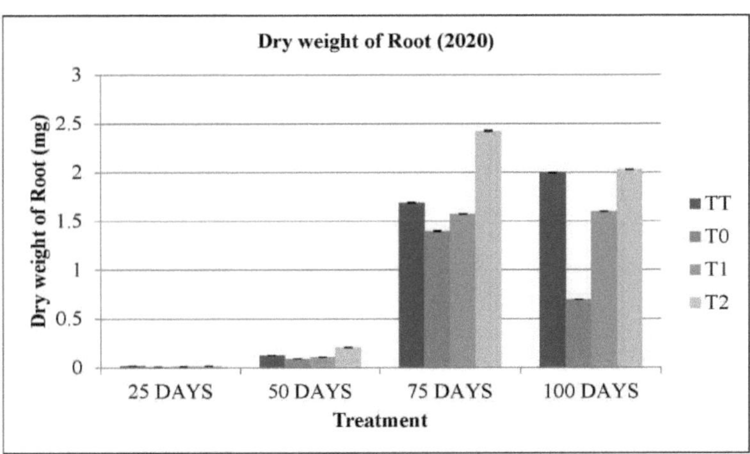

FIGURA 4.21: PESO SECO DAS RAÍZES DE *Triticum aestivum* L. SOB DIFERENTES TRATAMENTOS DURANTE EXPERIMENTOS DE CAMPO

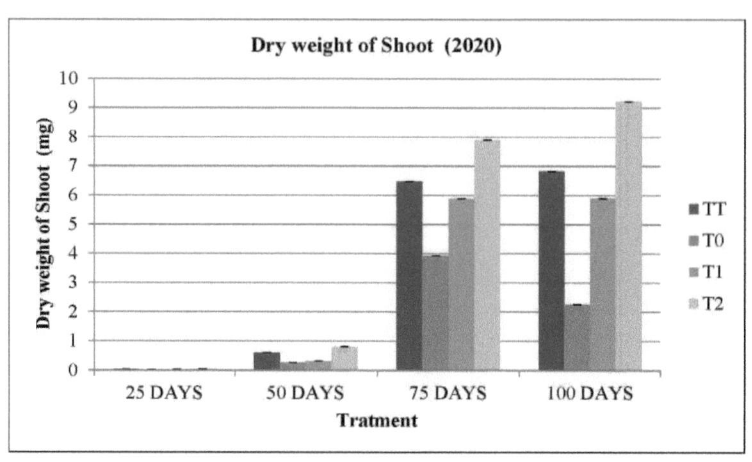

FIGURA 4.22: MOSTRAGEM DO PESO SECO DA FOLHA DE *Triticum aestivum* L. SOB DIFERENTES TRATAMENTOS DURANTE EXPERIMENTOS NO CAMPO

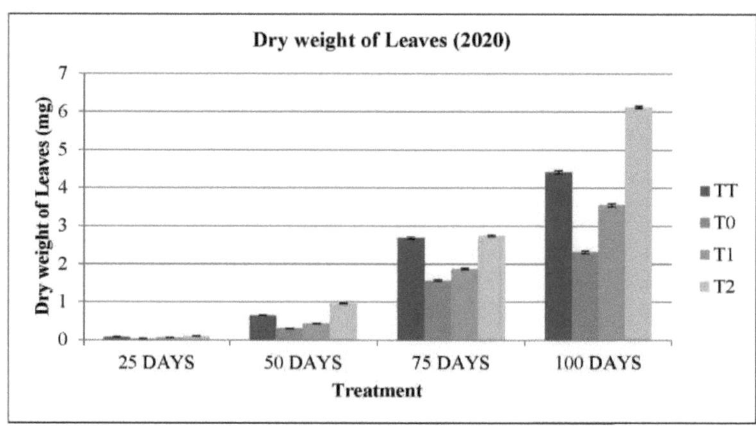

FIGURA 4.23: PESO SECO DAS FOLHAS DE *Triticum aestivum* L. SOB DIFERENTES TRATAMENTOS DURANTE EXPERIMENTOS DE CAMPO

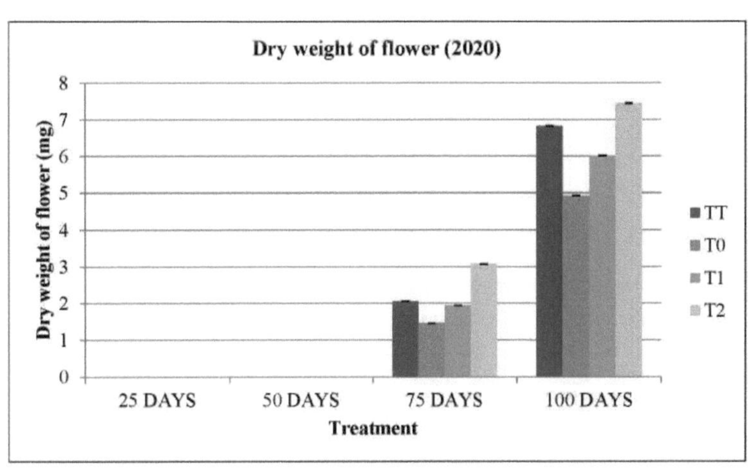

FIGURA 4.25: PESO SECO DA FLOR DE *Triticum aestivum* L. SOB DIFERENTES TRATAMENTOS DURANTE EXPERIMENTOS DE CAMPO

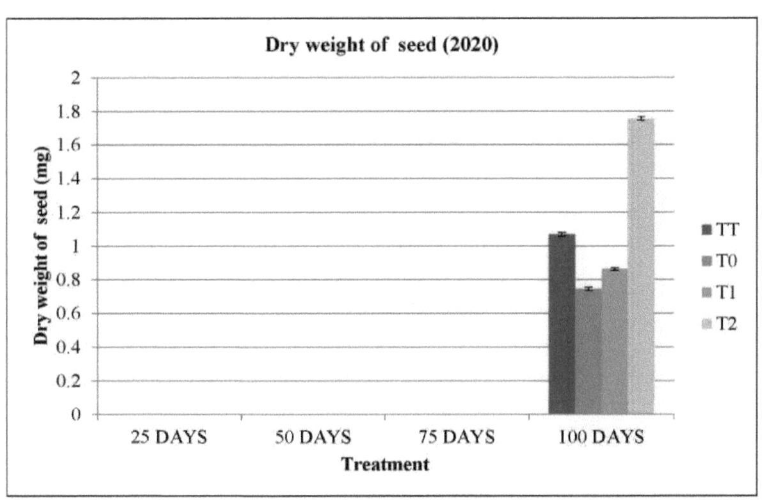

FIGURA 4.25: MOSTRAGEM DO PESO SECO DAS SEMENTES DE *TRITICUM aestivum* L. SOB DIFERENTES TRATAMENTOS DURANTE EXPERIMENTOS DE CAMPO

Um estudo análogo para o crescimento em intervalos regulares de dois anos mostrou que os dados de altura da planta eram 92,8 e 90,2 cm, 90,0 e 89,9 cm, respetivamente, devido a condições favoráveis para ambos os anos (Pathania *et al.*, 2018). Como afirmado na semeadura de plantas em um momento irregular, a planta resultou no menor crescimento (Tewari e Singh, 1995; e Tahir *et al.,* 2009). No que diz respeito a Pathania *et al.,* 2018, a data de sementeira foi notavelmente afetada pelo crescimento do número de perfilhos e pela altura das plantas em comparação com outras datas de sementeira em todas as fases de crescimento das plantas, neste estudo de variedades de culturas, a VL-907 teve o maior crescimento em comparação com outras variedades.

Análise de crescimento:

Os dados de crescimento foram analisados posteriormente calculando os parâmetros de crescimento como Taxa de Crescimento Relativo (R.G.R.), Taxa de Assimilação Líquida (N.A.R.) e Razão de Peso das Folhas (L.W.R.). Os valores de R.G.R, N.A.R, e L.W.R para a planta inteira foram mostrados nas tabelas 4.1 a 4.2.

Os resultados do R.G.R. mostram que, na fase inicial de crescimento, o R.G.R. é elevado, enquanto que durante a floração e a sementeira diminui. Isto indica que o R.G.R. da planta foi afetado pela fase reprodutiva. Isto mostra que o crescimento reprodutivo pode ser favorecido pela diminuição do crescimento dos órgãos vegetativos. O R.G.R mostra o desempenho constante do crescimento da planta em comparação com o anterior. Inicialmente, o R.G.R foi semelhante para todos os tratamentos, mas quando comparado com o crescimento em 25 dias, diminuiu. O crescimento foi retardado para T0 e T1. Assim, o R.G.R para 75 dias > 50 dias (Tabela: 4.1). Em 2020-21, na fase inicial, o R.G.R foi quase semelhante. Mas, para 50 e 75 dias, o rácio aumentou em comparação com a fase inicial. Por fim, o rácio diminuiu (Quadro: 4.2). O presente estudo revela que o L.W.R (rácio do peso da folha) foi maior na fase vegetativa, mas o seu rácio diminuiu quando chegou à fase de floração. O resultado foi semelhante ao do ano anterior. Inicialmente, houve uma maior proporção, mas depois diminuiu gradualmente. O rácio N.A.R. para o dado mostrou uma escalada constante desde a fase inicial até à maturação, o que também revelou o seu crescimento crescente ao longo do período para um T2.

O parâmetro de crescimento é determinado pela morfologia, fisiologia e componentes da biomassa da planta (James **et** *al.,* 2007). A RGR era elevada na fase inicial, mas durante as fases de rebentação e floração diminuiu, pelo que a RGR estava diretamente ligada à fase vegetativa e à fase reprodutiva. O crescimento reprodutivo pode ser recomendado através da redução do crescimento da fase vegetativa (Grotkopp **et** *al.,* 2002, Burns, 2004, 2006).

Um estudo relativo mostrou maior RGR, NAR e LWR em plantas tratadas com GA3, ácido bórico e plantas tratadas com controlo foram inferiores, respetivamente (Patel, 2015; Angrish e Singh, 1995). A NAR é a medida da taxa de fotossíntese menos as perdas por respiração, de modo que a probabilidade fisiológica de conversão da matéria seca total em rendimento é a medida da taxa de assimilação líquida (Sun *et al.,* 1999).

De acordo com Villar et al., 2004, os valores de RGR foram positivamente correlacionados com o valor de LAR (r ¼ 0,76, P < 0,001), e negativamente correlacionados com o valor de NAR (r ¼)0,002; P ¼ 0,99). Contrariamente, o crescimento foi analisado ao longo de dois meses RGR foi positivamente correlacionado com características fenológicas (LAR e SLA), mas não com características fisiológicas (NAR) (Villar **et al.,** 2004).

Num estudo semelhante com espécies de plantas silvestres, o RGR variou entre 100 mg g-1 dia-1 para *Corynephorus canescens* e 335 mg g-1 dia-1 para *Galinsoga parviflora, com o* peso seco total a variar entre 30 e 100 mg; a espécie de planta de crescimento mais lento foi de 113 mg g-1 dia -1 e a de crescimento mais rápido foi de 365 mg g-1 dia-1 (Poorter e Remkes, 1990).

De acordo com James e Drenovsky, 2007, nas 12 espécies de plantas estudadas em 6 intervalos de colheita, as variáveis mostraram 72% de variação em RGR, Enquanto NAR e LAR tiveram caminhos fortes e notáveis para RGR, uma maior quantidade da variância em RGR foi caracterizada pela variação em LAR em comparação com NAR. O SLA e o LMR apresentaram 94% de variação no LAR e ambos têm caminhos notáveis para o LAR. O coeficiente de caminho indireto foi de 0,50 e 0,63 para LMR e SLA para RGR, respetivamente.

QUADRO 4.1: MOSTRAGEM DA TAXA DE CRESCIMENTO RELATIVO (T.C.R.), DA TAXA DE PESO DE FOLHA (T.P.L.) E DA TAXA DE ASSIMILAÇÃO LÍQUIDA (T.A.L.) DE *Triticum aestivum* L. DURANTE O ESTUDO DE CAMPO (2019-20)

Parameter	Condition	25 DAS	50 DAS	75 DAS	100 DAS
R.G.R.	TT	0.159121	0.087436	0.073154	0.025751
	T0	0.159121	0.066524	0.104603	0.015264
	T1	0.159121	0.065719	0.101526	0.024346
	T2	0.159121	0.103095	0.06019	0.029868
L.W.R.	TT	0.575717	0.502526	0.268005	0.145142
	T0	0.542797	0.527275	0.27097	0.148511
	T1	0.532468	0.517599	0.261903	0.143531
	T2	0.560888	0.497223	0.260053	0.135194
N.A.R.	TT	2.211096	4.800776	13.67379	17.50132
	T0	2.345195	3.243814	15.39759	-6.26802
	T1	2.390692	3.263606	16.09136	20.61442
	T2	2.269555	5.560958	18.02108	12.45154

QUADRO 4.2: TAXA DE CRESCIMENTO RELATIVO (T.C.R.), RELAÇÃO DE PESO DE FOLHA (R.P.L.) E TAXA DE ASSIMILAÇÃO LÍQUIDA (TA.L.A.) DE *Triticum aestivum* L. DURANTE O ESTUDO DE CAMPO (2020-21)

Parameter	Condition	25 DAS	50 DAS	75 DAS	100 DAS
R.G.R.	TT	0.07072	0.096511	0.089655	0.01974
	T0	0.07072	0.101666	0.101894	0.010773
	T1	0.07072	0.084852	0.103334	0.018514
	T2	0.07072	0.100426	0.084014	0.019999
L.W.R.	TT	0.618827	0.515716	0.278888	0.208795
	T0	0.582256	0.493573	0.253399	0.200044
	T1	0.595918	0.532484	0.243057	0.183114
	T2	0.582006	0.514894	0.252191	0.201362
N.A.R.	TT	2.05728	5.272243	12.64405	2.355243
	T0	2.186495	5.694016	15.44656	0.930513
	T1	2.136031	4.33041	18.55801	1.840255
	T2	2.187435	5.248489	16.67306	1.543203

4.2: Estudo do rendimento e dos atributos do rendimento

Número de panículas por colina:

O número de panículas por colina foi calculado para dois anos consecutivos 2019-2021 com base no tratamento dado à respetiva parcela. Na parcela não capinada (T0) 2,8 e 2,9 mostraram o menor número de panículas por colina, seguido pelas parcelas T1 3,2, as parcelas TT foram 3,4 e 3,3, e o maior número de 5,9 panículas por colina para a parcela T2 que recebeu fertilizante químico mais tratamento com butacloro (Tabela: 4.3).

Peso de mil grãos:

Durante a presente investigação, quatro tratamentos T0, T1, TT e T2 foram considerados cada vez mais superiores em ambos os anos de estudo. Cultura de trigo cultivada; O maior peso de grãos foi de 0,059 ± 0,0001 Kg/ 1000 grãos e 0,056 ± 0,0002 Kg/1000 grãos em parcelas T2, em parcelas sem ervas daninhas (TT) foram 0,053±0,0001 e 0,053±0.0002 Kg/1000 grãos, nas parcelas com duas mondas manuais foram 0,05±0,0002 e 0,051±0,0001 Kg/1000, nas parcelas sem monda (T0) foram 0,045±0,0003 e 0,046±0,0001 respetivamente para 2019-21 (Quadro: 4.3).

De acordo com Louhar, 2019, a aplicação de micronutrientes combinada com uma dose basal de NPK melhorou significativamente o número de grãos de espiga^{-1} no trigo, foi principalmente afetado por uma nutrição insuficiente. Como afirmado, a aplicação de boro e (Zn+Cu+Fe+Mn+B) dá um maior número de grãos e peso de grãos de trigo (44,64 g) que foi estatisticamente (44,02g) peso de grãos obtido por Cu e Fe @10 e 12 kg ha-1 respetivamente. A aplicação de nutrientes de Zn aumentou o rendimento de grãos, bem como o rendimento biológico (Modaihsh, 1997; Soleimani 2006).

Densidade da panícula:

A densidade da panícula indica a proximidade da panícula em relação aos grãos. A maior densidade de panícula foi registada nas parcelas de fertilizante químico e butacloro (T2) da cultura do trigo e a menor densidade de panícula foi registada nas parcelas infestadas (T0). A densidade da panícula para o tratamento T2 3,32 e 3,36 para os dois anos consecutivos foi maior em comparação com outras parcelas. TT 2,43 e 2,42, seguido por T1 2,26 e 2,27, T0 mostrou densidade mínima de panículas para ambos os anos (Tabela: 4.3).

QUADRO 4.3: NÚMERO DE PANÍCULOS, PESO DO GRÃO E DENSIDADE DE PANÍCULOS DE *Triticum aestivum* L. DURANTE O ESTUDO DE CAMPO (2019-21)

TREATMENT	NUMBER OF PANICLE PER HILL		THOUSAND GRAIN WEIGHT (Kg)		PANICLE DENSITY	
	2019	2020	2019	2020	2019	2020

52

TT	3.4±0.34	3.3±0.34	0.053±0.0001	0.053±0.0002	2.43±0.2	2.42±0.14
T0	2.8±0.29	2.9±0.29	0.045±0.0003	0.046±0.0001	2.09±0.2	2.07±0.29
T1	3.2±0.2	3.2±0.2	0.05±0.0002	0.051±0.0001	2.26±0.2	2.27±0.29
T2	5.9±0.18	5.9±0.18	0.056±0.0002	0.059±0.0001	3.32±0.26	3.36±0.31

A análise de variância indicou que existia uma diferença significativa (Tabela: 4.4) para a densidade de panículas entre os dois anos consecutivos de cultivo de trigo em quatro parcelas tratadas no estudo.

QUADRO 4.4: ANÁLISE DE VARIÂNCIA PARA *Triticum aestivum* L. DURANTE O ESTUDO DE CAMPO (2019-21)

Treatment	Source of variation	Sum of squares (ss)	Degree of freedom (df)	Mean squares (ms)	F ratio	P-value	Table value of F crit
TT	Between Groups	0.000902	2	0.000451	0.097466	0.907908	3.982298
	Within Groups	0.050891	11	0.004626			
	Total	0.051793	13				
T0	Between Groups	0.002361	2	0.001181	0.409724	0.673558	3.982298
	Within Groups	0.031697	11	0.002882			
	Total	0.034058	13				

Treat ment	Source of variation	Sum of squares (ss)	Degree of freedom (df)	Mean squares (ms)	F ratio	P-valu e	Table value of F crit
T1	Between Groups	0.001081	2	0.00054	0.05 7388	0.94 4509	3.982298
	Within Groups	0.103565	11	0.009415			
	Total	0.104645	13				
T2	Between Groups	0.005765	2	0.002882	2.02 9334	0.17 776	3.982298
	Within Groups	0.015624	11	0.00142			
	Total	0.021389	13				

Rendimento de grãos:

O maior rendimento de grãos da parcela T2 está diretamente correlacionado com o tratamento dado, que fornece espaço livre para a planta para um melhor crescimento e nutrientes. O maior rendimento de grãos foi de 14,95 e 15,31 Kg.ha^{-1} nas parcelas (T2) com fertilizante químico e butacloro, seguidas pelas parcelas sem ervas daninhas (TT) 10,46 e 11,05Kg.ha$^{\wedge 1}$. As parcelas com duas capinas manuais (T1) apresentaram 9,87 e 10,03Kg.ha^{-} 1 e o rendimento de grãos mais baixo foi de 7,67 e 7,47 Kg.ha^{-1} nas parcelas sem capina (T0).

Num estudo semelhante de peso de 1000 grãos, o rendimento da palha foi aumentado na aplicação de micronutrientes (Maralian, 2009). O maior rendimento de grãos de trigo foi de 5,14 t ha^{-1} adquirido devido à aplicação de zinco até 0,04%, pelo que o zinco aumentou a produção de biomassa (Sultana *et al.,* 2016).

Rendimento em palha:

Houve uma variação significativa no rendimento da palha devido à presença de ervas daninhas nos diferentes tratamentos. Os rendimentos de palha em quatro parcelas tratadas em *Triticum aestivum* L. O maior rendimento de palha foi de 20,18 e 20,36 kg/ ha em parcelas T2, em parcelas sem ervas daninhas (TT) 13,05 e 13,14 Kg.ha^{-1} , em parcelas com duas ervas daninhas (T1) 11,81 e 11,80 Kg.ha^{-1} , o menor rendimento de palha foi de 9,65 e 9,79Kg.ha^{-1} em parcelas sem ervas daninhas (Tabela 4.5).

Estatisticamente, tanto o rendimento de palha quanto o rendimento de grãos foram significativamente diferentes (Tabela: 4.5) entre as variedades de trigo *Triticum aestivum* L., entre os tratamentos e trigo x tratamento em trigo irradiado.

QUADRO 4.5: ANÁLISE DO RENDIMENTO DE *Triticum aestivum* L. DURANTE O ESTUDO DE CAMPO (201921)

TREATMENT	STRAW YIELD (Kg)		GRAIN YIELD (Kg)		BIOLOGICAL YIELD (Kg)	
	2019	2020	2019	2020	2019	2020
TT	13.05±0.1	13.14±0.41	10.46±0.28	11.05±0.25	23.51±0.31	24.2±0.65
T0	9.65±0.46	9.79±0.33	7.67±0.13	7.47±0.2	17.32±0.42	17.27±0.3
T1	11.81±0.31	11.8±0.32	9.87±0.29	10.03±0.26	21.68±0.24	21.82±0.29
T2	20.18±0.49	20.36±0.26	14.95±0.22	15.31±0.26	35.13±0.33	35.67±0.39

Índice de colheita:

O índice de colheita é a medida do rendimento de grãos e do rendimento de palha. Os dados do índice de colheita registados em vários tratamentos foram de 44,47 e 45,7, 44,35 e 43,31, 45,54 e 45,95, 42,58 e 42,92 percentagens para TT, T0, T1 e T2, respetivamente, num campo de trigo com sementeira (Quadro: 4.6).

Um estudo equivalente do índice de colheita, aplicação de (FeSO4 + ZnSO4 + MnSO4) mostrou que o índice de colheita foi mais elevado (42,263) em culturas de trigo (Zain **et al.,** 2015). Os micronutrientes utilizados na cultura do trigo aumentam a produção de biomassa (Webb e Loneragan, 1990).

Índice de infestantes:

O índice de ervas daninhas em parcelas livres de ervas daninhas (TT) foi de 0,0% no estudo, e em outros tratamentos, os valores foram 36,59 ± 4,4 e 48,32±5,98, 6,19±3,86 e

10,3±1,16, -30,05±1,26 e - 27,75±1,92 porcentagem respetivamente em T0, T1, e T2 de *Triticum aestivum* L. (Tabela: 4.6).

Rendimento biológico:

O rendimento biológico foi registado para vários tratamentos; 23,51 e 24,2, 17,32 e 17,27, 21,68 e 21,82, 35,13 e 35,67 Kg.ha[-1] em TT, T0, T1 e T2, respetivamente para 2019-21 no campo de trigo. As parcelas de controlo sem ervas daninhas tiveram o maior rendimento biológico e as parcelas sem ervas daninhas o menor em ambos os anos (Tabela: 4.5).

QUADRO 4.6: ANÁLISE DO ÍNDICE DE PLANTAS E DO ÍNDICE DE COLHEITA DE *Triticum aestivum* L. DURANTE O ESTUDO DE CAMPO (2019-21)

TREATMENT	WEED INDEX		HARVEST INDEX	
TT	0	0	44,47±0.67	45.7±0.23
T0	36.59±4.4	48.32±5.98	44.35±1.36	43.31±1.28
T1	6.18±3.86	10.3±1.16	45.54±1.28	45.95±1.16
T2	-30.05±1.26	-27.75±1.92	42.58±0.9	42.92±0.47

De acordo com Sarrwy, 2012, o tratamento com ácido bórico (500 ppm) e nitrato de cálcio (20%) dá o valor máximo de biomassa obtido na planta.

A variedade TD-1 apresentou maior número de dias de maturação, matéria seca, rendimento biológico, peso de grão, espiga de grão[-1] , peso de 1000 grãos e índice de colheita e seus valores foram 127 dias, 9,5 t ha[-1] , 10,8 t ha[-1] , 38,7 g, 41,9, 38,7 g e 35,6%, respetivamente. Por outro lado, a altura da planta (94 cm), o comprimento do entrenó (10,9 cm), os nós do caule[-1] (5,5), a tendência de acamamento de 13,1 % foram mais elevados pelo Mehran-89 (Laghari e Oad 2011).

De acordo com Pathania *et al.,* 2018, a sementeira atempada da cultura também desempenha um papel importante para um melhor crescimento, a cultura foi semeada a 20 de novembro e a 5 de novembro em anos diferentes, apresentando 44 e 42 números de grãos de espiga[-1] respetivamente. Da mesma forma, o número de grãos varia consoante a variedade de espécies. A VL-829 tem um maior número de grãos de espiga[-1] do que a VL-907. Ambos os factores proporcionam mais tempo para o crescimento e também revelam que a cultura apresenta um maior peso de 1000 grãos. Como referido por Deshmukh **et** *al.,* 2015, a sementeira precoce apresentou um maior número de 1000 grãos de peso do que a sementeira tardia da cultura. Para um maior crescimento, a gestão das ervas daninhas e a rotação de culturas são muito cruciais (Pan **et** *al.,* 2019).

CAPÍTULO 5: Conclusão

5.1: Análise da biomassa e do crescimento

Análise de biomassa e crescimento em intervalos regulares de 25 dias medidos até o final da estação. Foram dados quatro tratamentos nas respectivas parcelas; tratamento 1 sem ervas daninhas (TT), tratamento 2 sem ervas daninhas (T0), tratamento 3 com estrume e ervas daninhas à mão aos 25 e 50 DAB (T1), e tratamento 4 com fertilizante químico e butacloro (T2). O comprimento da raiz e do rebento foi medido em cm/planta e o número de folhas, o número de flores e o número de sementes foram medidos em números por planta.

Durante a experiência, observou-se que durante o período de crescimento os parâmetros acima discutidos aumentaram. A floração foi observada entre 50-75 dias e a plântula foi observada entre 75-100 dias. A aplicação de fertilizante químico e butacloro (T2) mostrou maior desenvolvimento, mais comprimento de raiz e broto, e aumento de biomassa do que outros tratamentos.

O peso fresco e o peso seco das partes da planta, raiz, rebento, folhas, flor e semente foram medidos durante o período de estudo e observou-se que na aplicação de fertilizante químico e butacloro, o peso seco e fresco foi maior na parcela T2, e depois diminuindo TT, T1, T0 na respectiva ordem.

Os dados de crescimento foram posteriormente analisados através do cálculo dos parâmetros de crescimento, tais como a Taxa de Crescimento Relativo (R.G.R.), a Taxa de Assimilação Líquida (N.A.R.) e os valores da Razão de Peso das Folhas (L.W.R.) de toda a planta. A R.G.R. foi alta no estágio inicial e durante o estágio reprodutivo, ela diminui. Considerando que, N.A.R mostrou crescimento constante até a maturação e L.W.R foi mais alto na fase vegetativa e depois diminuiu gradualmente em outra fase.

5.2: Estudo do rendimento e dos atributos do rendimento

No estudo da cultura do trigo, o número de panículas por colina foi calculado com base no tratamento dado em quatro parcelas diferentes. O maior número de panículas por colina foi demonstrado por uma parcela com fertilizante químico e tratamento com butacloro (5,9) e foi menor na parcela sem ervas daninhas (2,8). Maior peso de mil grãos, densidade de panículas, rendimento de grãos e rendimento de palha também foram maiores para a parcela tratada com fertilizante químico e butacloro. O índice de colheita foi a contagem do rendimento de grãos e do rendimento de palha e foi maior para o tratamento T2. O rendimento biológico foi maior para o tratamento (T2) e o índice de ervas daninhas foi maior para o tratamento T0. A quantidade média de trigo semeado apresentou maior crescimento, dias de maturação, peso do grão, altura da planta, etc. A sementeira atempada do trigo também apresentou uma maior variedade de diferenças de rendimento. A rotação de culturas e as técnicas correctas de gestão de infestantes foram muito cruciais para um crescimento ideal.

CAPÍTULO 6: Referências

Abbas, G.; Ali, M.; Abbas, A.; Aslam, Z.; Akram, M. (2009). Impacto de diferentes herbicidas em ervas daninhas de folha larga e rendimento de trigo Pak. Jou. Weed Sci. Res. 15, 1-10.

Adedire, M. O. (2002). Ambiente da desflorestação tropical. Revista Internacional de Desenvolvimento Sustentável e Ecologia Mundial. 9, 33-40.

Adhikari, M.; Adhikari, N.; Sharma, S.; et al., (2019). Avaliação de cultivares de arroz tolerantes à seca usando índices tolerantes à seca sob estresse hídrico e condições irrigadas, American Journal of Climate Change. 8, 228-236.

Ahmed, M. I.; Hassan, A. F.; El-Bialy, M. A.; Mona, A. M. (2020). Efeito das datas de plantio e métodos de plantio nas relações hídricas do trigo, International Journal of Agronomy. 1-11.

Ajayi, S.; Obi, R. L. (2015). Composição de espécies de árvores, estrutura e índice de valor de importância (IVI) da Divisão Okwangwo, Parque Nacional de Cross River, Nigéria. Revista Internacional de Ciência e Investigação. 5(12), 85-93.

Akram, M. (2011). Componentes de crescimento e rendimento do trigo sob stress hídrico de diferentes fases de crescimento. Bangladesh J Agric Res. 36, 455-468.

Al-Amin, M.; Alamgir, M.; Patwary, M. R. A. (2004). Composição e estado da vegetação rasteira de uma área desflorestada no Bangladesh. Asian Journal of Plant Sciences. 3(5), 651-654.

Almeida, (1996). Flora de Maharashtra, herbário Blatter, St. Xaviers College, Mumbai.

Relatório anual. (2016-17). Departamento de Agricultura, Cooperação e Bem-Estar dos Agricultores Ministério da Agricultura e do Bem-Estar dos Agricultores Governo da Índia Krishi Bhawan, Nova Deli.

Relatório anual. (2017-18). Departamento de Agricultura, Cooperação e Bem-Estar dos Agricultores Ministério da Agricultura e do Bem-Estar dos Agricultores Governo da Índia Krishi Bhawan, Nova Deli.

Relatório anual. (2018-19). Departamento de Agricultura, Cooperação e Bem-Estar dos Agricultores Ministério da Agricultura e do Bem-Estar dos Agricultores Governo da Índia Krishi Bhawan, Nova Deli.

Relatório anual. (2019-20). Departamento da Agricultura, Cooperação e Bem-Estar dos Agricultores Ministério da Agricultura e do Bem-Estar dos Agricultores Governo da Índia Krishi Bhawan, Nova Deli.

Relatório anual. (2020-21). Departamento de Agricultura, Cooperação e Bem-Estar dos Agricultores Ministério da Agricultura e do Bem-Estar dos Agricultores Governo da Índia Krishi Bhawan, Nova Deli.

Relatório anual. (2021-22). Departamento da Agricultura, Cooperação e Bem-Estar dos Agricultores Ministério da Agricultura e do Bem-Estar dos Agricultores Governo da Índia Krishi Bhawan, Nova Deli.

Anwar, S. (2016). Fertilização com nitrogênio e fósforo de variedades melhoradas para aumentar o rendimento e os componentes do rendimento do trigo, Biologia Pura e Aplicada, 5 (4), 727-737.

Ardakani, M. R. (2004). Ecologia. Imprensa da Universidade de Teerão. 340.

Armstrong, J.; Buel, J. (2010). A Treatise on Agriculture, the Present Condition of the Art Abroad and at Home, and the Theory and Practice of Husbandry. Ao qual se acrescenta uma Dissertação sobre a Cozinha e o Jardim. 1840-1845.

Ashby, E. (1948). Statistical Ecology: A Re-Assessment. Bot. Rev. 14, 222-224.

Ashton, P.S.; Givnish, T. I.; Appanah S. (1988). Staggered Flowering in the Dipterocarpaceae: New Insights into Floral Induction and the Evolution of Mast Fruiting in the Aseasonal Tropics. Am. Nut. 132, 44-66.

Augspurger, C. K. (1982). A Cue for Syn- Chronous Flowering. Veja Ref. 87a, 133- 150.

Barbara, S.; Barbara K. M.; Barbas, P.; Pszczólkowski, P.; Cwintal, M. (2020). Biodiversidade de ervas daninhas em campos de grãos no sudeste da Polónia. Agricultura, 10(589), 1-17.

Barnes, A.; Greenwood, D. J.; Cleaver, T. J. (1976). A Dynamic Model for the Effects of Potassium and Nitrogen Fertilizers on the Growth and Nutrient Uptake of Crops, The Journal of Agricultural Science, 86 (2), 225-244.

Baskin, J. M.; Nan, X. Y.; Baskin, C. C. (1999). A Comparative Study of the Seedling- Juvenile and Flowering Stages of the Life Cycle in An Annual and A Perennial Species of Senna (Leguminosae: Caesalpinioideae). American Midl and Naturalist. 141, 381-390.

Bellingham, P. J.; Duncan, R. P.; LEE, W. G.; Buxton, R. P. (2004). A taxa de crescimento e a sobrevivência das mudas não predizem a invasividade em plantas lenhosas naturalizadas na Nova Zelândia. Oikos. 106, 308-316.

Berkeley, W. (2016). Wheat: Nourishing a Planet, Wheat Nutrition: Factos sobre os nutrientes e o glúten. 1-3.

Bhunia, S. R.; Chauhan, R. P. S.; Yadav, B. S.; Bhati, A. S. (2006). Effect of Phosphorus, Irrigation and Rhizobium on Productivity, Water Use and Nutrient Uptake in Fenugreek (Trigonellafoenum graecum L). Indian Journal of Agronomy, 51(3), 239-241.

Bikrmaditya; Verma, R.; Ram, S.; Sharma, B. (2011). Efeito dos Regimes de Humidade do Solo e Níveis de Fertilidade no Crescimento, Rendimento e Eficiência do Uso da Água do Trigo (Triticum aestivum L.). Progressive Agriculture, 11(1), 73-78.

Blum, A. (2005). Drought Resistance, Water-Use Efficiency, and Yield Potential are They Compatible, Dissonant, or Mutually Exclusive? Aust J Agric Res. 56(11), 1159-1168.

Bungard, R. A.; Wingler, A.; Morton, J. D.; Andrews, M.; Press, M. C.; Scholes, J. D. (1999). O amónio pode estimular a reeducação do nitrato e do nitrito na ausência de nitrato em Clematis Vitalba. Planta, Célula e Ambiente. 22, 859- 866.

Burns, J. H. (2004). A Comparison of Invasive and Non-Invasive Dayflowers (Commelinaceae) Across Experimental Nutrient and Water Gradients. Diversity and Distributions 10, 387-397.

Burton, S. (1998). A History of India, Blackwell Publishing.

Cakmak, I. (2008). Enriquecimento de grãos de cereais com zinco: biofortificação agronómica ou genética. Solo Vegetal. 302, 1-17.

Card, S.; Cathcart, J; Huang, J. (2005). O estado dos micronutrientes e oligoelementos das culturas cultivadas nos locais de referência da qualidade do solo de Alberta. Programa de Monitorização da Qualidade do Solo da AESA, Alberta Agri. Food & Rural Dev. Cons. & Dev. Branch. 20.

Carel, P.; Schaik, V.; Terborgh, J. W.; Wright, S. J. (1993). The Phenology of Tropical Forests: Adaptive Significance and Consequences for Primary Consumers, Annual Review of Ecology and Systematics, 24, 353-377.

Chapin, F.S. (1980). A Nutrição Mineral de Plantas Silvestres. Annu Rev EcolSyst. 11, 233-260.

Chaplot, P. C.; Sumeriyan, H. K. (2013). Efeito da Fertilização Balanceada, Adubos Orgânicos e Biorregulador no Crescimento, Teor de Clorofila e Acumulação de Matéria Seca do Trigo Semeado Tardio (Triticum aestivum L.). Meio Ambiente e Ecologia. 31(2), 57-60.

Chaudhary, R.; Patel, N. K. (2021). Estudos ecológicos sobre ervas daninhas da cultura do trigo na aldeia de Khandosan, Mehsana, Gujarat. Pesquisa Strad. 8(12), 81-90.

Chaudhary, R.; Patel, N. K. (2021). Análise de nutrientes da cultura do trigo, International Journal of All Research Education and Scientific Methods. 9(4), 2514-2520.

Chauhan, B. S. (2020). Grandes desafios na gestão de ervas daninhas. Fronteiras em agronomia. 1(3), 1-4.

Chauhan, B. S.; Johnson, D. E. (2010). O papel da ecologia de sementes na melhoria das estratégias de manejo de ervas daninhas nos trópicos. Adv. Agron. 105, 221-262.

Propriedades químicas do solo influenciadas pelas práticas de gestão integrada do azoto da amoreira em solo franco-arenoso. (2006). Karnataka J. Agric. Sci.,19(4), 921-931.

Cole, L.M.C. (1946). A Theory for Analysing Contagiously Distributed Population, Ecology. 2, 329-341.

Corre, W. J. (1983). Crescimento e Morfogénese de Plantas de Sol e de Sombra. III. Os Efeitos Combinados da Intensidade da Luz e do Fornecimento de Nutrientes. Ata Bot Neerl. 32, 277-294.

Coulson, J. R.; Vail, P. V.; Dix M. E.; Nordlund, D. A.; Kauffman, W. C.; Eds. (2000). Years of Biological Control Research and Development in the United States Department of Agriculture (Anos de Investigação e Desenvolvimento do Controlo Biológico no Departamento de Agricultura dos Estados Unidos): 1883-1993.

Croat, T.B. (1975). Comportamento fenológico das classes de hábito e habitat na Ilha Barro Colorado (Zona do Canal do Panamá). Biotropica. 7, 270-277.

Cui, Z.; Zhang, H.; Chen, X.; et al., (2018). Perseguindo a produtividade sustentável com milhões de pequenos agricultores. Nature. 555, 363-366.

Curtis, J. T.; Cottam, G. (1956). Plant Ecology Work Book - Laboratory Field Reference Manual. Burgress Publication Company, Minneapolis, Minnesota, 193.

Curtis, J. T.; McIntosh, R. P. (1951). Um continuum de terras altas na região fronteiriça da floresta de Praine de Wisconsin. Ecology. 32, 476-496.

Daryanto, S.; Wang, L.; Jacinthe, P. A. (2016). Síntese global dos efeitos da seca na produção de milho e trigo. Plos One. 11, 1-1.

Das, L.; Salvi, H.; Kamboj, R. D. (2019). Estudo fitossociológico da flora costeira do distrito de Devbhoomidwarka e suas ilhas no Golfo de Kachchh, Gujarat, Revista Internacional de Pesquisa Científica em Ciências Biológicas, 6 (3), 1-13.

David, R.; Gosden, C. (1996). The Origins and Spread of Agriculture and Pastoralism in Eurasia: Crops. Fields, Flocks and Herds, Routledge. 385.

Deshmukh, K. M.; Nayak, S. K.; Damdar, R.; Wanjiri, S. S. (2015). Resposta de diferentes genótipos de trigo a diferentes tempos de semeadura em relação ao acúmulo de GDD. Jornal de Pesquisa Avançada de Melhoramento de Culturas. 6, 66-72.

Dhangwal, L. R.; Singh, A.; Singh, T.; Sharma, C. (2010). Efeitos das ervas daninhas no rendimento da cultura do trigo em Tehsil Nowshera. Jornal de Ciência Americana. 6(10), 405-407.

Dixit, A. M. (1997). Avaliação Ecológica da Vegetação de Florestas Tropicais Secas: An Approach to Environmental Impact Assessment, Tropical Ecology. 38, 87-100.

Eagles, C. F. (1967). The Effect of Temperature on Vegetative Growth in Climatic Races of Dactylis glomerata in Controlled Environments (O Efeito da Temperatura no Crescimento Vegetativo em Raças Climáticas de Dactylis glomerata em Ambientes Controlados). Ann Bot. 31, 31-39.

Fageria, N. K. (2007). Pesquisa sobre Fertilidade do Solo e Nutrição de Plantas em Condições de Campo: Princípios básicos e metodologia. Jornal de Nutrição de Plantas. 30(2), 203-223.

Farooq, M.; Wahid, A.; Kobayashi, N.; Fujita, D.; Basra, SMA. (2009). Stress de seca em plantas: Effects, Mechanisms and Management. Agron Sustain Dev. 29, 185-212.

Fleming, T. H.; Breitwisch, R.; Whitesides, G. H. (1987). Patterns of Tropical Vertebrate Frugivore Diversity (Padrões de Diversidade de Vertebrados Frugívoros Tropicais). Knnu. Rev. Ecol. Syst. 18, 91-109.

Frackler, S. B.; Brischle, H. A. (1944). Medindo a distribuição local de Ribes. Ecology. 25, 283-303.

Frankie, G. W.; Baker, H. G.; Opler, P. A. (1974). Estudos fenológicos comparativos de árvores em florestas tropicais húmidas e secas nas terras baixas da Costa Rica. Ecol. 62, 881-919.

FSP, N.G. (1981). Vegetative and Reproductive Phenology of Dipterocarps. Malaysian For. 44, 197-221.

Gallandt, E. R. (2006). Como podemos atingir o banco de sementes de ervas daninhas? 54, 588-596.

Garnier, E. (1992). Growth Analysis of Congeneric Annual and Perennial Grass Species (Análise do crescimento de espécies congéneres de gramíneas anuais e perenes). Journal of Ecology. 80, 665-675.

Garzaro, G. M.; Syltie, P. W. (1994). O efeito do Agrispon e das taxas de nitrogênio do fertilizante no rendimento da cana-de-açúcar na Guatemala. Aprop. Tech. Ltd. Dallas, Texas, E.U.A.

Ghersa, C. M.; Holt, J. S. (1995). Usando a previsão da fenologia na gestão de ervas daninhas: uma revisão. Weed Res. 35, 461-470.

Gojon, A.; Nacry, P.; Davidian, J. C. (2009). Regulação da absorção da raiz: Um Processo Central para a Homeostase de NPS em Plantas. Opinião atual em Biologia Vegetal. 12, 328-338.

Gregory, L. P., (1996). Mehrgarh in Oxford Companion to Archaeology, Editado por Brian Fagan. Oxford University Press.

Grime, J. P.; Hunt, R. (1975). Taxa de crescimento relativo: O seu alcance e significado adaptativo numa flora local. J Ecol, 63, 393-422.

Grotkopp, E.; Rejmanek, M.; Rost, T. L. (2002). Toward a Causal Explanation of Plant Invasiveness: Crescimento de mudas e estratégias de história de vida de 29 espécies de pinheiro (Pinus). American Naturalist. 159, 396-419.

Guo, J. H.; Liu, X. J.; Zhang, Y.; Shen, L. J.; Han, W. X.; Zhang, W. F.; Christie, P.; Goulding, K. W.; Vitousek, P. M.; Zhang, F. S. (2010). Significant Acidification in Major Chinese Croplands (Acidificação significativa nas principais áreas de cultivo chinesas). Science (Nova Iorque). 327, 1008- 1010.

Gurumurthy, K. T.; BalajiNaik, D.; et al., (2019). Avaliação do estado de fertilidade do solo de macronutrientes e mapeamento na microbacia hidrográfica de Beguru de Tarikere Taluk do distrito de Chikkmagaluru, Karnataka, Índia. Revista Internacional de Microbiologia Atual e Ciências Aplicadas. 9, 223-229.

Hajra, P. K.; Mudgal, V. (1997). Hotspots de diversidade vegetal na Índia - Uma visão geral. BSI Índia.

Hamilton, M. A.; Murray, B. R.; Cadotte, M. W.; Hose, G. C.; Baker, A. C.; Harris, C. J.; Licari, D. (2005). Life-history Correlates of Plant Invasiveness at Regional and Continental Scales. Ecology Letters. 8(10), 1066-1074.

Manual de Agricultura. (2012). ICAR, Nova Deli.

Hanin, M.; Brini, F.; Ebel, C.; Toda, Y.; Takeda, S.; Masmoudi, K. (2011). Desidrinas vegetais e tolerância ao stress: Proteínas versáteis para mecanismos complexos. Plant Signal Behav. 6(10), 1503-1509.

Hare, M. A., Lantagne, D. O., Murphy, P. G.; Chero, H. (1997). Estrutura e Composição de Espécies de Árvores em uma Floresta Seca Subtropical na República Dominicana: Comparação com uma floresta seca em Porto Rico. Tropical Ecology. 38, 1-17.

Hayat, S.; Hayat, Q.; Alyemeni, M. N.; Wani A. S.; Pichtel, J.; Ahmad, A. (2012). Papel da prolina em ambientes em mudança. Plant Signal Behav. 7(11), 1456-1466.

Hillison, J. (1996). The Origins of Agriscience: Or Where Did All That Scientific Agriculture Come From? Journal of Agricultural Education. 37(4) 8-13.

Hoekstra, J. M.; Boucher, T. M.; Ricketts, T. H.; Roberts, C. (2005). Confronting a Biome Crisis: Global Disparities of Habitat Loss and Protection. Ecology Letters. 8(1), 23-29.

Ilorkar, V. M.; Khatri, P. K. (2003), Pytosociological Study of Navegaon National Park. Indian Forester. 129, 377-387.

Jackson, M. L. (1973). Soil Chemical Analysis. Prentice Hall of Englewood Cliffs, New Jersey, EUA.

Jackson, M. L. (1973). Soil Chemical Analysis. Prentice Hall of India Pvt. Ltd., Nova Deli. 38-56.

Jamal, A.; Fawad, M. (2019). Eficácia dos fertilizantes de fósforo na produção de culturas de trigo no Paquistão. Jornal de Horticultura e Pesquisa de Plantas. 5, 25-29.

Jarvis, P. G.; Jarvis, M. S. (1964). Taxas de crescimento de plantas lenhosas. Physio Plant. 17(3), 654666.

Jat, S.; Kumar, V.; Kakraliya, S. K.; Ahmed, M. A.; Datta, A.; Choudhary, M.; Gathala, M. K.; McDonald, A. J.; Jat, M. L.; Sharma, P. C. (2021). As práticas agrícolas inteligentes para o clima influenciam a densidade e a diversidade de ervas daninhas em sistemas agroalimentares baseados em cereais das planícies indo-gangéticas ocidentais Hanuman. Relatórios Científicos. 11(1), 1-15.

Jeremy, J. J.; Rebecca, E. D. (2007). A Basis for Relative Growth Rate Differences between Native and Invasive Forb Seedlings. Rangeland Ecol Manage. 60(4), 395-400.

Jha, S. M.; Kewat, R. S. (2011). Avaliação de Carfentrazone ethyl + metsulfuron methyl contra ervas daninhas de folha larga do trigo. Indian Journal of Weed Science. 43, 12-22.

Jhariya, M. K.; Oraon, P. R. (2012). Análise da diversidade herbácea na área afetada pelo fogo do santuário de vida selvagem de Bhoramdeo, Chattisgarh. The Bioscan. 7(2), 325-330.

John, H., (1996). As origens da agrisciência: ou de onde veio toda essa agricultura científica? Journal of Agricultural Education. 37(4), 8-13.

John, R., (1995). Climate Change and Global Agriculture: Recent Findings and Issues. American Journal of Agricultural Economics. 77(3), 727-733.

Jonathan, S.; Paul, P.; Johnston, E.; Grant, E.; Matthew, H.; Pamela, B.M. (2006). A experiência com a erva do parque 1856-2006: A sua contribuição para a ecologia. Journal of Ecology. 94(4), 801-814.

Joshi, H. G. (2012). Estrutura da vegetação, composição florística e estado dos nutrientes do solo em três locais de floresta tropical decídua seca de Bengala Ocidental, Índia. Jornal Indiano de Ciências da Vida Fundamentais e Aplicadas. 2(2), 355-364.

Ju, X. T.; Xing, G. X.; Chen, X. P.; Zhang, S. L.; Zhang, L. J.; Liu, X. J.; Cui, Z. L.; Yin, B.; Christie, P.; Zhu, Z. L.; Zhang, F. S. (2009). Reduzir o risco ambiental através da melhoria da gestão de N em sistemas agrícolas intensivos chineses. Actas da Academia Nacional de Ciências dos Estados Unidos da América. 106, 3041-3046.

Kaur, S.; Kaur, T.; Bhullar, M. S. (2017). Controle da flora mista de ervas daninhas no trigo com aplicação sequencial de herbicidas de pré e pós-emergência. Indian Journal of Weed Science. 49(1), 29-32.

Kaya, C.; Higgs, D. (2002). Resposta de cultivares de tomate (Lycopersicon esculentum L.) à aplicação foliar de zinco quando cultivadas em cultura de areia com baixo teor de zinco. Sci. Hortic., 93, 5364.

Khan, M. G. (1994). Effect of Salt Stress on Nitrate Reductase Activity in Some Leguminous Crops (Efeito do stress salino na atividade da redutase do nitrato em algumas culturas de leguminosas). Indian Journal Plant Physiology. 37, 185-187.

Khan, Q. U.; Khan, M. J.; Rehman, S.; Ullah, S. (2010). Comparação de diferentes modelos para adsorção de fosfato em séries de solo inerente ao sal de Dera Ismail Khan. Solo e Ambiente. 29(1), 11-14.

Khan, S.; Mirza, K. J.; Anwar, F.; Abdin, M. Z. (2010). Desenvolvimento de marcadores RAPD para autenticação de Piper nigrum. Ambiente e Jornal Internacional de Ciência e Tecnologia. 5, 53-62.

Khanal, S.; Adhikari, S.; Bhattarai, A.; Shrestha, S. (2018). Diversidade de ervas daninhas e dinâmica populacional de predadores e presas presentes no ecossistema trigo-mostarda em Paklihawa. J. Inst. Agric. Anim. Sci. 35, 173-181.

Koelmeyer, K. O. (1959) a. The Periodicity of Leaf Change and Flowering in the Rinci Alforest Communities of Cevlon. Ceylo Forester. 4, 157-89.

Koelmeyer, K. O. (1959) b. The Periodicity of Leaf Change and Flowering in the Principal Forest Communities of Ceylon. Ceylon Forester. 4, 308-64.

Krishnaven, M. (2015). Análise de nutrientes do solo recolhido na aldeia de Panuchakuli, distrito de Kanyakumari, Kanyakumari. Research J. Pharm. and Tech. 8(7), 857-859.

Kulkarni, Y.; Warhade, K. K.; Bahekar, S. (2014). Determinação de nutrientes primários no solo usando espetroscopia UV. Jornal Internacional de Pesquisa e Tecnologia de Engenharia Emergente. 2(2), 198-204.

Kumar, B.; Dhar, S.; Vyas, A. K.; Paramesh, V. (2015). Impacto dos horários de irrigação e manejo de nutrientes no crescimento, rendimento e características radiculares das variedades de trigo (Triticum aestivum). Indian Journal of Agronomy, 60(1), 87- 91.

Kumar, R. S.; Ramakritinan, C. M. (2013). Levantamento florístico de plantas medicinais tradicionais à base de plantas para tratamentos de várias doenças da diversidade costeira no distrito de Pudhukkottai, Tamilnadu, Índia. Jornal de Medicina da Vida Costeira. 1(3), 225-232.

Kumar, R.; Agarwal, S. K. (2013). Rendimento e atributos de rendimento do trigo (Triticum Aestivum L.) como influenciado por Agrispon e Fertonic em nível variável de fertilidade, International Journal of Agricultural Sciences. 3(9). 29-33.

Kumar, S.; Angiras, N. N.; Rana, S. S. (2011) Bioeficácia de Clodinafop-Propargyl + Metsulfuron Methyl contra a flora complexa de ervas daninhas no trigo, Indian Journal of Weed Science. 43(3&4), 195-198.

Kumar, V.; Desai, B. (2016). Biodiversidade e análise fitossociológica de plantas em torno do Chikhali Taluka, distrito de Navsari, Gujarat, Índia. Um Jornal Internacional Trimestral de Ciências Ambientais. 9, 1-9.

Kumar, V.; Desi, B. S. (2014). Biodiversidade e análise fitossociológica de plantas em torno do Chikhali Taluka, distrito de Navsari, Gujarat, Índia. Um Jornal Internacional Trimestral de Ciências Ambientais. 9, 1-8.

Kumari, A.; Sairam, R. K.; Singh, S. (2019). Conteúdo de nutrientes em grãos e palha de diferentes genótipos de trigo, afetados pelo estresse hídrico. Jornal Internacional de Microbiologia Atual e Ciências Aplicadas. 8(2), 1977-1988.

Kushwaha, K.; TEWARI, L. M.; Chaudhary, L. B. (2018). Pesquisa sobre diversidade de ervas daninhas em dois grandes campos de cultivo, arroz e trigo no distrito de Sonbhadra, Uttar Pradesh, Índia. Journal of Crop and Weed. 14(2), 154-161.

Laghari, G. M.; Oad, F. C.; Tunio, S.; Chachar, Q.; Gandahi, A. W.; Siddiqui, M. H.; Hassan, S. W.; Ali, A. (2011). Atributos de crescimento e rendimento do trigo em diferentes taxas de sementes. Sarhad J. Agric. 27(2), 177-183.

Lake, J. C.; Leishman, M. R. (2004). Sucesso de Invasão de Plantas Exóticas em Ecossistemas Naturais: The Role of Disturbance, Plant Attributes and Freedom from Herbivores. Biological Conservation. 117, 215-226.

Lal, R., (2001). Thematic Evolution of ISTRO: Transition in Scientific Issues and Research Focus from 1955 to 2000. Soil and Tillage Research. 61(1-2), 3-12.

Lalrinfelal, T.; Talukdar, M. C.; Medhi, B. K.; Thakuria, R. K. (2016). Status de macronutrientes e sua variabilidade espacial em solos da bacia hidrográfica de Meleng do distrito de Jorhat, Assam - uma abordagem Gis. Int. J. Adv. Res. 4(10), 905-911.

Lambers, H.; Dijkstra, P. (1987). A physiological Analysis of Genotypic Variation in Relative Growth Rate (Uma análise fisiológica da variação genotípica na taxa de crescimento relativo): Pode a Taxa de Crescimento Conferir Vantagem Ecológica? Disturbance in Grasslands. Junk Publishers, Dordrecht. 237-252.

Laurance, W. F.; Bierregaard, R. O. (1997). Remanescentes de Florestas Tropicais: Ecology, Managements and Conservation of Fragmented Communities. University of Chicago Press, Chicago. 616.

Louhar, G. (2019). Atributos de crescimento e rendimento da cultura do trigo em resposta à aplicação de micronutrientes: Uma revisão. Jornal de Ciências Aplicadas e Naturais. 11(4), 823-829.

Loveys, B. R.; Scheurwater, I.; Pons, T. L.; Fitter, A. H.; Atkin, O. K. (2002). A temperatura de crescimento influencia os componentes subjacentes da taxa de crescimento relativo: An Investigation Using Inherently Fast- and Slow- Growing Plant Species. Plant Cell Environ. 25, 975-988.

Macdonald, A. J. (2018). Guia para as experiências clássicas e outras experiências de longo prazo, conjuntos de dados e arquivo de amostras. Rothamsted Research Harpenden, Herts, AL5 2JQ, Reino Unido. 4-28.

Mancosu, N.; Snyder, R. L.; Kyriakakis, G.; Spano, D. (2015). Escassez de água e desafios futuros para a produção de alimentos. Water. 7(3), 975-992.

Manisankar, G.; Ramesh, T.; Rathika, S. (2020). Gestão de ervas daninhas em arroz transplantado por meio da aplicação de herbicidas antes da planta: Uma revisão. Int.J. Curr. Microbiol. App. Sci. 9(5), 684-692.

Maynard, S.; James, D.; Davidson, A. (2010). O Desenvolvimento de um Quadro de Serviços Ecossistémicos para o Sudeste de Queensland. Environ Manage. 45(5), 881- 895.

McCauley, A. (2011). Funções dos nutrientes das plantas e sintomas de deficiência e toxicidade, Módulo de Gestão de Nutrientes. (9), 1-15.

Mehta, K. M.; Puntamkar, S. S.; Kalamkar, V. G. (1963). Study on Uptake of Nutrients by Wheat as Influenced by Nitrogen and Phosphorus Fertilization. Ciência do Solo e Nutrição de Plantas. 9(5), 29-34.

Miller, A. J.; Fan, X.; Orsel, M.; Smith, S. J.; Wells, D. M. (2007). Transporte e Sinalização de Nitrato. Journal of Experimental Botany. 58(9), 2292-2306.

Mishra, G.; Kushwaha, H. S. (2016). Respostas do rendimento do trigo de inverno e das propriedades físicas do solo a diferentes lavouras e irrigação. Jornal Europeu de Investigação Biológica, 6(1), 56-63.

Misra, R. (1959). The Status of the Plant Community in the Upper Gangetic Plain. Jornal da Sociedade Indiana de Botânica. 38, 1-7.

Misra, R. (1959). The status of the plant community in the upper Gangetic plain, Journal of Indian Botany Society, 38: 1-7.

Misra, R. (1968). Ecology Workbook. Oxford e IBF Publishing Co. Ltd., Nova Deli. 44.

Mónaco, J.; Weller, C.; Ashton, M. (2002). Princípios e práticas da ciência das infestantes. John Wiley and Sons, Inc., Nova Iorque. 1-592.

Murphy, P. G.; Lugo, A. E. (1986). Ecologia da Floresta Tropical Seca. Annua. Rev Ecol. Syst, 17, 67-88.

Murphy, P. G.; Lugo, A. E. (1986a). Ecologia da Floresta Tropical Seca. Annua. Rev Ecol. Syst, 17, 67-88.

Murphy, P. G.; Lugo, A. E. (1986b). Ecologia das Florestas Tropicais Secas. Revisão Anual de Ecologia e Sistemática. 17, 67-88.

Nadim, M. A.; Awan, I. U.; Baloch, M. S.; Khan, E. A.; Naveed, K.; Khan, M. A.; Zubair, M.; Hussain, N. (2011). Efeito dos micronutrientes no crescimento e rendimento do trigo. Pak. J. Agri. Sci. 48(3), 191-196.

Nagarajuna,V.; et al., 2017, Estudos pitossociológicos sobre a flora infestante da cultura do algodão no distrito de Visakhapatnam, Andhra Pradesh, Índia. Jornal Internacional de Pesquisa Atual. 9(1), 44583-44587.

Naidu, V.S.G.R. (2012). Hand Book on Weed Identification Directorate of Weed Science Research, Jabalpur, Índia. 1-337.

Naik, V.N. (1998). A Flora de Marathwada. (Vol. I &Vol II). Amrut prakashan Aurangabad. 1182.

Narayanan, M. K. R.; Mithunlal, S.; Sujanapal, P.; Kumar, N. A.; Sivadasan, M.; Alfarhan, A. H.; Alatar, A. A. (2011). Árvores etnobotanicamente importantes e seus usos pela tribo Kattunaikka no Santuário de Vida Selvagem de Wayanad, Kerala, Índia. Jornal de Pesquisa de Plantas Medicinais. 5(4), 604-612.

Nataraja, T. H.; Halepyati, A. S.; Pujari, B. T.; Desai, B. K. (2006). Influência dos níveis de fósforo e micronutrientes nos parâmetros fisiológicos do trigo. Karnataka J. Agri. Sci. 19, 685-687.

Nayak, M. K.; Patel, H. R.; Prakash, V.; Kumar, A. (2015). Influência da programação da irrigação no crescimento da cultura, rendimento e qualidade do trigo. Journal of Agriculture Research, 2(1), 6568.

Nayyar, H.; Walia, D. (2003). Water Stress Induced Proline Accumulation in Contrasting Wheat Genotypes as Affected Calcium and Abscisic Acid. Bio Plant. 46, 275-279.

Nigéria, A. S.; Obi R. L. (2016). Composição de espécies de árvores, estrutura e índice de valor de importância (IVI) da Divisão Okwangwo, Parque Nacional Cross River. Revista Internacional de Ciência e Investigação. 5(12), 85-93.

Olajide, O. (2004). Desempenho do crescimento de árvores na Reserva Florestal de Akure, Estado de Ondo, Nigéria. Tese de doutoramento. Universidade de Ibadan, Nigéria. 108.

Pan, R. S.; Sarkar, P.; Shinde, R.; Kumar, R.; Mishra, J. S.; Singh, A. K.; Bhatt, B. P. (2019). Efeito do sistema de cultivo diversificado na fitossociologia de ervas daninhas, 3ª Conferência Nacional sobre Promoção e Revigoramento de Agri-Horti, Inovações Tecnológicas Pragati, International Journal of Chemical Studies. 6, 677-683.

Pandeya, M.; Shresthab, J.; Subedic, S.; Shahd, K. (2020). Papel dos nutrientes no trigo: A Review. Tropical Agrobiodiversity (TRAB). 1(1), 18-23.

Patel, S.; Desai, P.; Pandey, V. (2014). Ervas daninhas de campos de cultivo em Satlasana Taluka do distrito de Mehsana, Gujarat, Índia. Jornal de Estudos de Plantas Medicinais. 2(5), 8- 11.

Pathania, R.; Prasad, R.; Rana, R.; Mishra, S.; Sharma, S. (2018). Crescimento e rendimento do trigo como influenciado por datas de semeadura e variedades no noroeste do Himalaia. Journal of Pharmacognosy and Phytochemistry. 7(6), 517-520.

Pilania, P. K.; Gujar, R. V.; Joshi, P. M.; Shrivastav, S. C.; Panchal, N. S. (2015). Estudo fitossociológico e etanobotânico de árvores em uma floresta decídua seca tropical no distrito de Panchmahal de Gujarat, oeste da Índia. Indian Forester. 141(4), 422-427.

Plant Analysis Handbook, Nutrient Content of Plants, Agricultural & Environmental Services Laboratories University of Georgia. 1-5.

Pons, T. L. (1977). Estudo Anecofisiológico na Camada de Campo da Talhadia de Freixo. II. Experiências com Geumurbanum e Cirsiumpalustre em Diferentes Intensidades de Luz. Ata Bot Neerl. 26, 251-263.

Poorter, H. (1989). Variação interespecífica na taxa de crescimento relativo: Sobre as causas ecológicas e as consequências fisiológicas. In: H. Lambers [ED.]. Causes and Consequences of Variation in Growth Rate and Productivity of Higher Plants (Causas e Consequências da Variação na Taxa de Crescimento e Produtividade de Plantas Superiores). Haia, Holanda: SPB Academic Publishing. 45-68.

Poorter, H.; Remkes, C. (1990). Rácio de Área Foliar e Taxa de Assimilação Líquida de 24 Espécies Selvagens que Diferem na Taxa de Crescimento Relativo. Oecologia. 83, 553-559.

Prasad, K.; Singh, P. (1995). Requisitos de fertilizantes do novo trigo melhorado nas condições de Uttar Pradesh Hill. Crop Res. 9(1), 12-15.

Punia, S S.; et al., (2017). Investigações sobre a flora de ervas daninhas do trigo em Haryana. Agricultural Research Journal. 54(1), 136-138.

Pushman, F.M.; Bingham, J. (1976). The Effects of a Granular Nitrogen Fertilizer and A Foliar Spray of Urea on The Yield and Bread-Making Quality of Ten Winter Wheat. The Journal of Agricultural Science. 87(2), 281-292.

Raghubanshi, A. S.; Tripathi, A. (2009). Effect of Disturbance, Habitat Fragmentation and a Line Invasive Plants on Floral Diversity in Dry Tropical Forest of Vindhyan Highlands: A Review. Tropical Ecology. 50, 57-69.

Raju, R. A. (1977). Field Manual for Weed Ecology and Herbicide Research. Agrotech Publishing Academy, Udaipur. 288.

Ram, H.; Dadhwal, V.; Vashist, K. K.; Kaur, H. (2013). Rendimento de grãos e eficiência do uso da água do trigo (Triticum Aestivum L.) em relação aos níveis de irrigação e cobertura morta de palha de arroz no noroeste da Índia. Agric Water Manag. 128, 92-101.

Ramane, D. V.; Patil, S. S.; Shaligram, A. D. (2015). Deteção de nutrientes NPK do solo usando sensor de fibra ótica. Revista Internacional de Pesquisa em Tecnologia do Advento. 66-70.

Rathcke, B.; Lacey, E. P. (1985). Phenological Patterns of Terrestrial Plants (Padrões Fenológicos de Plantas Terrestres). Annu. Rev. Ecol. Syst. 16, 179-214.

Reardon, R. C. (2017). Controlo biológico da traça cigana: Uma visão geral. Workshop da Iniciativa de Controlo Biológico dos Apalaches do Sul.

Reddy, C. S. (2008). Catálogo da Flora Exótica Invasora da Índia. Revista de Ciências da Vida. 5(2), 84-89.

Reddy, S. C.; Babar, S.; Amarnath, G.; Pattanaik, C. (2011). Estrutura e composição florística do povoamento arbóreo na floresta tropical nos Ghats orientais do norte de Andhra Pradesh, Índia. J. Forestry Research. 22, 491-500.

Reddy, S. R. (2004). Princípios de Produção Vegetal - Reguladores de Crescimento e Análise de Crescimento. 2ª Ed. Kalyani Publishers, Ludhiana, Índia. 46.

Robertson, S. (2009). Biodiversity in a Florida Sandhill Ecosystem, Undergraduate Journal of Mathematical Modeling. 2(1), 6.

Roetman, E.; Sterk, A. A. (1986). Crescimento de Microespécies de Diferentes Secções de Taraxacum em Câmaras Climáticas. Ata Bot Neerl. 35, 5-22.

Roll, G.; Hartung, J.; Graeff-Honninger, S. (2019). Determinação do conteúdo de nitrogênio vegetal em plantas de trigo por meio de medições de refletância espetral: Impacto do número de folhas e da posição das folhas. Sensoriamento Remoto. 11 (2794),1-17.

Roll, G.; Hartung, J.; Honninger S. (2019). Determinação do conteúdo de nitrogênio vegetal em plantas de trigo por meio de medições de refletância espetral: Impacto do número de folhas e da posição das folhas, Sensoriamento Remoto. 11(2794), 1-17.

Sabatier, D. (1985). Saisonnalité et déterminisme du pic de fructification en forêt guyanaise. Rev. Ecol. (Terre vie). 40, 289-320.

Saeed, B.; Gul, H.; Khan, A. Z.; et al., (2012). Taxas e Métodos de Influência da Aplicação de Nitrogénio e Enxofre e Análise de Custo-Benefício do Trigo. Journal of Agricultural & Biological Science. 7(2), 81-85.

Saeidi, M.; Ardalani, S.; Honarmand, S. J.; Ghobadi, M. E.; Abdoli, M. (2015). Avaliação do estresse hídrico na fase de crescimento vegetativo sobre a formação do rendimento de grãos e alguns traços fisiológicos, bem como parâmetros de fluorescência de diferentes cultivares de trigo pão. Actabiolszegediensis. 59(1), 35-44.

Sah, D.; Panwar, G. S.; Kalhapure, A. H.; Singh, N. (2020). Associação fitossociológica de ervas daninhas na cultura do arroz da região de Bundelkhand de Uttar Pradesh.

Revista Internacional de Microbiologia Atual e Ciências Aplicadas. 9(11), 1285-1294.

Sarkar, I.; Billa, S. (2014). Avaliação das propriedades químicas do solo através da aplicação de ervas daninhas aquáticas frescas. Journal of Scientific and Innovative Research. 3(2), 227-233.

Sarrwy, S. M. A.; Gadalla, E. G.; Mostafa, E. A. M. (2012). Efeito das pulverizações de nitrato de cálcio e ácido bórico na frutificação, rendimento e qualidade dos frutos da Cv. Amhat Date Palm. Revista Mundial de Ciências Agrícolas. 8(5), 506-515.

Schaik, C. P.; Terborgh, J. W.; Wright, S. J. (1993). The Phenology of Tropical Forests: Adaptive Significance and Consequences for Primary Consumers. Revisão Anual de Ecologia e Sistemática. 24, 353-377.

Serrano, G.; Escarre, J.; Garnier, E.; Sans, X. (2005). Uma análise comparativa do crescimento entre espécies invasoras e espécies nativas de Senecio com diferentes faixas de distribuição. Eco Science. 12, 35-43.

Sharma, N. K.; Singh, R. J.; Kumar, K. (2012). Acumulação de matéria seca e absorção de nutrientes pelo trigo (Triticum Aestivum L.) sob sistema agroflorestal baseado em álamo (Populus Deltoides). Rede Internacional de Pesquisa Científica ISRN Agronomia. 2012, 1-7.

Sharma, S.; Singh, R.; Singh, D. (2016). Efeito da Aplicação de Fertilizantes de Equilíbrio no Rendimento e Economia do Trigo. Journal of AgriSearch, 3(2), 133-134.

Shipley, B. (2002). Trade-Offs entre a Taxa de Assimilação Líquida e a Área Foliar Específica na Determinação da Taxa de Crescimento Relativo: Relação com a Irradiância Diária. Funct. Ecol. 16, 682-689.

Shrivastava, A. K.; Patra, S.; Tikariha, A. (2016). Usos de ervas daninhas como medicina no distrito de Durg de Chhattisgarh. Indian J. Applied & Pure Bio. 31(1), 91-104.

Shrivastava, A.K.; Tikariha, A.; Patra, S.; Sinha, M. R. (2014). Impacto das Indústrias de Trituração de Pedra na Arquitetura de Anomalias Foliares de Plantas Lenhosas. Indian J.Sci.Res. 4(1). 127-133.

Shukla, R.V.; Diwakar, M. C. (1973). Ervas daninhas aquáticas e anfíbias de Bilaspur. Plant Prot Bull. 25, 1-2.

Shukla, S. K.; Warsi, A. S. (2000). Effect of Sulphur and Micronutrients on Growth, Nutrient Content and Yield of Wheat (Triticum Aestivum L.). Indian J. Agri. Res. 34(3), 203-205.

Silvertown, J.; Poulton, P.; Edward, J.; Edwards, G.; Heard, M.; Biss, P. M. (2006). The Park Grass Experiment 1856-2006: sua contribuição para a ecologia. Journal of Ecology. 94(4), 801814.

Singh, S.; Yadav, A.; Punia, S. S.; Malik, R. S.; Balyan, R. S. (2010). Interação do estágio de aplicação e herbicidas em algumas populações de Phalaris Minor. Indian Journal of Weed Science. 42, 144-154.

Singh, T.; Singh, G. (2020). Flora de ervas daninhas em trigo (Triticum Aestivum): A Review, International Journal of Chemical Studies. 8(6), 2096-2098.

Singh, V. P.; Prasad, A. (1998). Effect of Nitrogen Levels and Weed Control Methods on Wheat Under Rain Fed and Irrigated Conditions of Low Hill and Valley Situation. Annual of Agricultural Research. 19(1), 72-76.

Sinha, M. K. (2017). Estudos sobre a diversidade de ervas daninhas e sua fitossociologia associada em sistemas de arroz com semente seca direta no distrito de Koria (C.G.) Índia. Avanços na pesquisa de plantas e agricultura. 7(2), 246-252.

Snowball, K.; Robson, A. D. (1991). Sintomas de distúrbios nutricionais: Faba Beans and Field Peas. Conselho de Investigação de Leguminosas de Grão, 99.

Sokoto, M. B.; Singh, A. (2013). Rendimento e componentes de rendimento de pão, trigo como influenciado pelo estresse hídrico, data de semeadura e cultivar em Sokoto, Sudão Savannah, Nigéria. Am J Plant Sci. 04, 122-130.

Spaunhorst, D. J.; Devkota, P.; Johnson, W. G.; Smeda, R. J.; Meyer, C. J.; Norsworthy, J. K. (2018). Fenologia de cinco populações de Palmer Amaranth (Amaranthus palmeri) cultivadas no norte de Indiana e Arkansas. Weed Sci. 66, 457-469.

Status Paper on Wheat, Directorate of Wheat Development Ministry of Agriculture, (Deptt. of Agriculture and Coopn.) C.G.O. Complex-I, 3 Floor, Kamla Nehru Nagar Ghaziabad- 201 002 (U.P.).

Stitt, M.; Muller, C.; Matt, P.; Gibon, Y.; Carillo, P.; Morcuende, R.; Scheible, W. R.; Krapp, A. (2002). Steps towards an Integrated View of Nitrogen Metabolism. Journal of Experimental Botany. 53, 959-970.

Tabassam, M. A. R.; Hussain, M.; Sami, A.; Shabbir, I.; Bhutta, M. A. N.; Mubusher, M.; Ahmad, S. (2014). Impacto da seca no crescimento e rendimento do trigo. Scientia agriculturae. 7, 11-18

Taffo, B. W.; Nguetsop, V. F.; Anjah, G. M.; Solefack, M. C.; Tacham, W. N.; Feukeng, S. S. (2019). Comportamento fenológico de espécies de árvores tropicais em três zonas altitudinais das montanhas de Bambouto, oeste dos Camarões. J. Applied Sci. 19(2), 68-76.

Tahir, M.; Ali, M.A.; Nadeem, A.; et al.; (2009). Efeito de diferentes datas de sementeira no crescimento e rendimento de variedades de trigo (Triticum Aestivum L.) no distrito de Jhang, Paquistão. Pakistan Journal Life Society Science. 7(1), 66-69.

Tamak, S. K. (1997). Efeito do Agrispon, do estrume orgânico e dos níveis de azoto no algodão (Gossypium Hirsutum). Tese de Mestrado, CCS HAU, Hisar, Índia.

Tanu, (2016). Gestão de ervas daninhas. Agrimoon.com. 1-120.

Tewari, S. K.; Singh, M. (1995). Influence of Sowing Date on Phase Duration and Accumulation of Dry Matter in Spikes of Wheat (Triticum Aestivum). Indian Journal of Agronomy. 40(1), 43-46.

Tikariha, A.; Shrivastava, A. K.; Patra, S. (2016). Análise fitossociológica de ervas daninhas no distrito de Durg de Chhattisgarh. IOSR Journal of Environmental Science, Toxicology and Food Technology (IOSR-JESTFT). 10(10), 14-21.

Tolangara, A.; Ahmad, H.; Liline, S. (2019). A composição e o índice de valor importante das árvores para a alimentação da vida selvagem na ilha de Bacan, South Halmahera, Conferência Internacional sobre Ciências da Vida e Tecnologia, IOP Conf. Series: Ciências da Terra e do Ambiente. 276, 1-7.

Tomar, R. K. S.; Namdeo, K. N.; Raghu, J. S.; Tiwari, K. P. (1995). Eficácia de Azotobactor e Reguladores de Crescimento de Plantas na Produtividade do Trigo (Triticum Aestivum L.) em Relação à Aplicação de Fertilizantes. Indian J. Agric. Sci. 65(4), 256-259.

Torbjorn, H.; Carlos, A. P. (2005). Fenologia das árvores em florestas adjacentes inundadas e não inundadas da Amazónia. Biotropica. 37(4), 620-630.

Tuti, M. D.; Das T. K. (2011). Efeito de transporte da metribuzina aplicada à soja em ervas daninhas e trigo (Triticum Aestivum) sob lavoura zero e convencional. Indian Journal of Agronomy. 56(2), 121-126.

Unathi.L.; Lembe, S. M.; Nkanyiso, J.; et al.; (2018). Respostas fisiológicas de genótipos de trigo irrigado (Triticum Aestivum L.) ao estresse hídrico, Ata Agriculturae Scandinavica, Seção B - Ciência do Solo e Plantas. 68(6), 524-533.

Verma, B. R. (1978). Alguns Aspectos Funcionais e Estruturais de um Lixo Bhata de Raipur M. P., Tese de Doutoramento, Universidade Ravishankar de Raipur.

Verma, H. P.; Sharma, K.; Yadav, A. C.; et al., (2017). Atributos de rendimento e rendimento do trigo (Triticum Aestivum L.) como influenciado pela programação de irrigação e adubos orgânicos. Chemical Science Review and Letters. 6(23), 1664-1669.

Vidal, E.; Gutiérrez, R. A. (2008). A Systems View of Nitrogen Nutrient and Metabolite Responses in Arabidopsis. Opinião atual em Biologia Vegetal. 11, 521-529.

Villar, R.; Teodoro, M.; Jose, L. Q, Pilar, P.; Francisco, A.; Hans, L. (2005). Variação na taxa de crescimento relativo de 20 espécies de Aegilops (Poaceae) no campo: A Importância da Taxa de Assimilação Líquida ou da Área Foliar Específica Depende da Escala de Tempo, Plant and Soil. 272, 11-27.

Whitford, P. B. (1948). Distribuição de plantas florestais em relação à sucessão e ao crescimento clonal. Ecology. 30, 199-208.

Whitford, P. B. (1948). Distribution of Woodland Plants in Relation to Succession and Clonal Growth (Distribuição de Plantas Florestais em Relação à Sucessão e Crescimento Clonal). Ecology. 30, 199-208.

Yadav, P. S.; Devi, S. L. (2006). In Floristic Diversity Assessment and Vegetation Analysis of Tropical Semi Evergreen Forest of Manipur, North-East India (Avaliação da diversidade florística e análise da vegetação da floresta tropical semi-perene de Manipur, Nordeste da Índia). Tropical Ecology. 47(1), 89-95.

Yadav, R.K.; Yadav, A.S. (2008). Phenology of Selected Woody Species in a Tropical Dry Deciduous Forest in Rajasthan, India (Fenologia de espécies lenhosas seleccionadas numa floresta tropical decídua seca no Rajastão, Índia). Tropical Ecology. 49(1), 25- 34.

Young, R. A.; Gies, R. L. (20020. Introduction to Ecosystem Science and Management. 3ª Edição, John Wiley and Sons Inc, U.S.A. 57-745.

Zaheer, B. (1996). The Science of Empire: Scientific Knowledge, Civilisation, and Colonial Rule in India, State University of New York Press.

Zhang, X.; Davidson, E. A.; Mauzerall, D. L.; Searchinger, T. D.; Dumas, P.; Shen, Y. (2015). Gestão do azoto para o desenvolvimento sustentável. Nature. 528, 51-59.

https://agritech.tnau.ac. in/ agriculture/agri_weedmgt_culturalmethod. html

yes
I want morebooks!

Buy your books fast and straightforward online - at one of world's fastest growing online book stores! Environmentally sound due to Print-on-Demand technologies.

Buy your books online at
www.morebooks.shop

Compre os seus livros mais rápido e diretamente na internet, em uma das livrarias on-line com o maior crescimento no mundo! Produção que protege o meio ambiente através das tecnologias de impressão sob demanda.

Compre os seus livros on-line em
www.morebooks.shop

info@omniscriptum.com
www.omniscriptum.com

Printed by Books on Demand GmbH, Norderstedt / Germany